AF377795

PRINCIPES

DE MÉCANIQUE

EXPÉRIMENTALE ET APPLIQUÉE

PARIS. — IMP. SIMON RAÇON ET COMP., RUE D'ERFURTH 1.

ENSEIGNEMENT SPÉCIAL
ET PROFESSIONNEL

PRINCIPES

DE

MÉCANIQUE

EXPÉRIMENTALE ET APPLIQUÉE

PAR

M. GUIRAUDET

PROFESSEUR A LA FACULTÉ DES SCIENCES DE LILLE
ANCIEN ÉLÈVE DE L'ÉCOLE NORMALE

DEUXIÈME PARTIE

DES MOTEURS INDUSTRIELS

PARIS

VICTOR MASSON ET FILS

PLACE DE L'ÉCOLE-DE-MÉDECINE

1868

PRINCIPES

DE MÉCANIQUE

EXPÉRIMENTALE ET APPLIQUÉE

— DEUXIÈME PARTIE —

DES MOTEURS INDUSTRIELS

CHAPITRE PREMIER

ÉVALUATION DE LA PUISSANCE D'UN MOTEUR

192. Dans la première partie de ce cours nous avons étudié l'effet des forces au point de vue de l'équilibre et au point de vue de la production de travail; mais nous avons considéré toujours les forces en elles-mêmes, sans nous préoccuper de leur origine. Nous devons maintenant parler des *moteurs*, c'est-à-dire indiquer les moyens par lesquels on arrive à utiliser, pour la production de travail, les forces développées par les divers agents naturels.

193. Ainsi que nous l'avons déjà dit (150), quand on considère l'ensemble des organes qui servent à produire un ouvrage industriel, on en rencontre de trois sortes : un premier groupe est employé à l'exécution immédiate de cet ouvrage, c'est la *machine-*

outil; d'autres fournissent à ceux-là le travail qu'ils doivent mettre en œuvre, c'est la *transmission;* enfin, il en est d'autres, sur lesquels agit directement la force motrice, qui recueillent le travail produit par elle, souvent le transforment en vue d'une transmission facile, ils constituent le *récepteur* ou *machine motrice.* C'est uniquement cette dernière partie qui doit nous occuper maintenant. Elle peut revêtir des formes très-diverses, parce que chaque récepteur doit évidemment être approprié au mode d'action de la force dont il recueille le travail. On conçoit, d'ailleurs, que les machines motrices puissent faire l'objet d'une étude spéciale et séparée, puisqu'un même outil peut recevoir le travail de récepteurs très-divers, et que, réciproquement, un même récepteur pourrait servir à l'accomplissement d'ouvrages absolument différents.

194. Les moteurs industriels peuvent être rangés en trois catégories : 1° les *moteurs animés;* 2° les *moteurs hydrauliques,* auxquels nous joindrons ceux qui servent à utiliser l'action du vent; 3° les *moteurs à vapeur,* auxquels nous joindrons les moteurs à air chaud. Nous examinerons successivement ces différents genres de machines motrices. Mais auparavant nous devons indiquer comment on évalue numériquement la puissance d'un moteur quelconque, et comment on détermine effectivement dans la pratique la puissance d'une machine motrice déjà établie.

195. **Évaluation numérique de la puissance d'un moteur.** — Lorsque nous avons parlé du travail et de sa mesure, nous n'avons jamais fait entrer le temps en ligne de compte; et en effet, le temps passé à exécuter un certain travail, quel qu'il soit, ne change rien à la valeur de ce travail, ni à l'évaluation qu'on en doit faire. Mais si le temps ne peut et ne doit entrer pour rien dans l'évaluation du travail, il n'est pas moins évident qu'il doit entrer pour beaucoup dans l'estimation de la puissance du moteur qui a fourni ce travail. Un petit ruisseau peut fournir une quantité d'eau quelconque aussi bien qu'une grande rivière, pourvu qu'on le laisse couler pendant un temps suffisant; ce qui caractérise la force d'un cours d'eau, c'est son débit dans un temps donné, en une seconde par exemple. De même, ce qui caractérise la puissance d'un moteur, c'est la quantité de travail qu'il débite par seconde.

On appelle cheval-vapeur la puissance motrice capable de fournir 75 kilogrammètres par seconde. En sorte que si on veut évaluer la puissance d'un moteur quelconque, il faut chercher à estimer le travail qu'il fournit en une seconde, et diviser la mesure de ce travail par 75 ; le quotient sera le nombre de chevaux-vapeur qui mesure la puissance ou capacité de travail de ce moteur. Si, par exemple, on a pu évaluer à 180000 kilogrammètres le travail fourni en 30 minutes, on en conclura une production moyenne de 100 kilogrammètres par seconde ; le moteur vaut $\frac{100}{75}$ ou $1\frac{1}{3}$ cheval-vapeur.

L'évaluation de la puissance d'un moteur revient donc à savoir évaluer la quantité de travail fournie par lui dans un temps donné.

196. Frein de Prony. — Pour restreindre la question à ce qu'elle a de véritablement pratique, nous supposerons que le travail fourni par le moteur est employé d'abord à produire un mouvement de rotation, lequel, transmis par les moyens ordinaires, est ensuite employé à exécuter un ouvrage quelconque. Nous nous proposons donc de mesurer le travail transmis par un arbre tournant.

Nous supposerons encore que cet arbre a un mouvement sensiblement uniforme, c'est-à-dire que le travail moteur est pour un intervalle de temps quelconque sensiblement égal au travail résistant. Comme nous l'avons dit (151), c'est une condition que partout et toujours on cherche à réaliser le mieux possible.

Au lieu d'employer le travail transmis par cet arbre à des ouvrages quelconques, employons-le à un ouvrage simple, consommant en un temps donné une quantité de travail facile à évaluer. Ce travail consommé sera justement égal au travail moteur transmis, puisque le mouvement est uniforme ; son évaluation nous fera donc connaître celle de ce travail moteur.

Le procédé d'expérimentation pratique est celui qui a été indiqué par Prony *.

197. Supposons que, le mouvement de la machine étant devenu

---

* Prony (1755-1839), ingénieur éminent et mathématicien, membre de l'Académie des sciences, fut professeur à l'École polytechnique et directeur de l'École des ponts et chaussées ; où il avait été élève ; le corps des ingénieurs des ponts et chaussées existe depuis 1715.

bien régulier, on supprime toute communication entre l'arbre **A** et les appareils qu'il faisait mouvoir. Si on se bornait là, le mouvement s'accélérerait de plus en plus (143), faute de travail résistant. Mais supposons qu'on ait en même temps disposé sur l'arbre ce qu'on appelle un *frein*, c'est-à-dire une espèce d'étau BEEC, maintenu par un arrêt fixe en H, et susceptible d'être serré à vo-

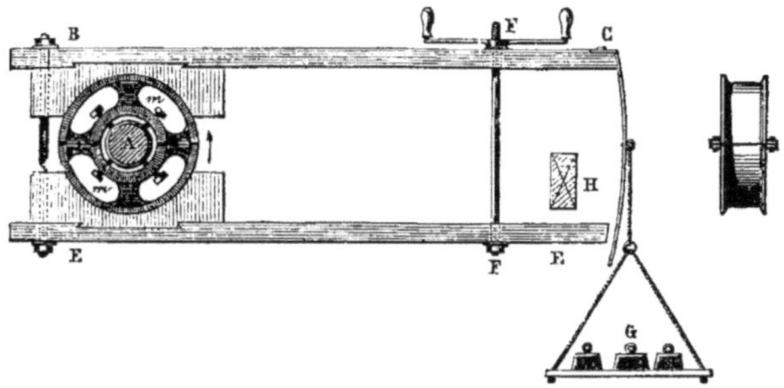

Fig. 177.

lonté au moyen d'une vis F. Il s'établira un frottement entre l'arbre et le frein, frottement qui entraînerait le frein s'il n'était arrêté, et qui tend à ralentir la rotation de l'arbre en exerçant sur lui un travail résistant. Ce frottement est d'autant plus énergique que le frein est plus serré ; et si on le serrait excessivement, il est clair qu'on pourrait arriver à empêcher le mouvement. On peut donc, par tâtonnement, trouver un degré de serrage qui permette à l'arbre justement le degré de vitesse qu'il avait primitivement. Alors le travail du frottement sur le frein remplace identiquement celui que l'arbre transmettait aux engins qu'il faisait mouvoir ; et puisque le mouvement est revenu à sa vitesse uniforme ordinaire, ce travail est égal à celui que fournit le moteur dans son état de fonctionnement habituel.

Il reste donc à évaluer ce travail du frottement. Pour cela, on remplace l'action des arrêts fixes, qui empêchaient le frein d'être entraîné, par celle de poids G, suspendus à l'extrémité du levier qui fait corps avec lui. Ces poids agissent en sens inverse du frottement, on conçoit donc qu'en faisant varier tantôt le serrage en manœuvrant l'écrou à poignées FF, tantôt le poids G, on puisse arriver à peu près, d'une part à maintenir la vitesse au degré habituel, et de l'autre à maintenir le frein en équilibre, de manière à ce qu'il ne fasse plus que de légères oscillations sans toucher l'arrêt H.

Quand on en est là, il suffit de noter exactement le nombre de tours de l'arbre en un certain temps, le poids suspendu à l'extrémité du levier, et la longueur de ce levier ; on aura tout ce qu'il faut pour calculer le travail du frottement sur le frein. En effet, le poids G fait équilibre aux forces de frottement dont je désigne la somme par f ; en appelant r le rayon de l'arbre, et L la longueur du levier AC, les moments fr et GL sont donc égaux ; par conséquent aussi les produits $f.2\pi r$ et $G.2\pi L$. Mais $f.2\pi r$, c'est le travail du frottement pendant un tour de l'arbre ; ce travail est donc évalué par une quantité connue. Si N est le nombre de tours par minute, le travail du frottement, autrement dit le travail fourni par le moteur en 1 minute, sera $N.G.2\pi L$: on pourra l'obtenir ainsi pour une durée quelconque.

Si on veut évaluer en *chevaux-vapeur* la puissance du moteur, il faut, avons-nous dit, chercher combien le travail fourni en une seconde, c'est-à-dire ici $\frac{N}{60}G.2\pi L$, contient de fois 75 kilogrammètres. Ce nombre de chevaux-vapeur mesurant la puissance du moteur est donc $\frac{2\pi}{60.75}N.G.L$ ou $0,00139GNL$, ce qui fournit une règle bien facile à appliquer.

Si, par exemple, $N = 50$, le frein étant établi sur l'arbre même qui porte le volant, et $G = 453$ kilogrammes, la longueur L sur le frein qu'on a employé étant $2^m,50$, la puissance du moteur est $0,00139.453.50.2,50$ ou 48 chevaux-vapeur environ.

Il faut observer que, dans le poids G, le poids du frein lui-même entre pour une portion ; car, avec la forme habituelle, il agit visiblement dans le même sens que les poids placés dans le plateau. Pour déterminer cette action du poids de l'appareil, on le dispose sur l'arbre en repos sans le serrer, puis on le soutient dans la position horizontale par l'intermédiaire d'un dynamomètre accroché en C ; il est évident que cette action est alors donnée par l'indication du dynamomètre ; ce sera un certain nombre de kilogrammes à ajouter au poids qu'on mettra dans le plateau, et le total composera le nombre G.

Dans la pratique le frein agit, non immédiatement sur l'arbre, qui n'offrirait pas une surface frottante suffisante, mais sur un tambour ou poulie de fonte *mm*, ayant $0^m,60$ ou $0^m,70$ de diamètre, solidement calé sur l'arbre au moyen de vis à pointes aciérées. Quand le frein est en expérience, on fait arriver continuellement un filet d'eau à l'intérieur de ce tambour, afin de prévenir l'échauffement excessif qui résulterait du frottement.

198. Il serait à désirer que tous les industriels, qui ont à faire établir ou à acheter des machines motrices et qui le plus souvent les payent en raison de leur puissance, fussent en état de contrôler par eux-mêmes la valeur des appareils qui leur sont fournis. Une expérience au frein n'est point chose difficile à exécuter ; le tambour, se fixant par des vis, n'a pas besoin d'être construit pour l'arbre où il sera appliqué, et quant au frein lui-même, c'est un appareil des plus simples, dont la construction peut être livrée au premier charpentier venu. Du reste, l'espace dans lequel nous devons ici nous restreindre ne nous permet pas d'indiquer tous les détails d'expérimentation d'un essai au frein.

Pour qu'une expérience de ce genre puisse fournir des résultats dignes de confiance, il faut nécessairement qu'elle soit prolongée pendant un temps suffisant, une heure ou deux au moins, et dans tous les cas le plus longtemps possible.

CHAPITRE II

DES MOTEURS ANIMÉS

199. L'homme et les animaux sont des moteurs; leur force musculaire est un immense moyen mécanique, auquel les progrès de la civilisation tendent à substituer de plus en plus, au moins pour toutes les opérations longues et pénibles, les forces d'autres agents purement matériels. Toutefois, une quantité considérable d'actions mécaniques s'opère encore par l'homme et les animaux; il y a donc un intérêt important à étudier l'application de leurs forces, d'autant qu'elle présente certains faits qui lui sont particuliers.

Les moteurs animés diffèrent essentiellement de ceux qui sont soumis seulement aux lois de la nature physique, en ce qu'ils ne peuvent agir d'une manière continue. Ils se fatiguent, et en raison de cette fatigue plus ou moins grande, la quantité de travail qu'ils peuvent fournir en un temps donné dépend du mode d'application de leur force et des circonstances dans lesquelles elle s'exerce. C'est là le point essentiel à remarquer au sujet du travail des moteurs animés. Un même homme, éprouvant le même degré de fatigue et ayant ainsi dépensé la même quantité de sa puissance corporelle, peut, selon les circonstances dans lesquelles il a travaillé, avoir produit des sommes de travail numériquement très-inégales.

200. La quantité de travail fournie dans un temps donné est évidemment proportionnelle à l'effort plus ou moins grand exercé par le moteur, et aussi à la vitesse avec laquelle il déplace le

point d'application de la résistance. Or ces deux quantités, effort exercé et vitesse produite, ne sont point indépendantes l'une de l'autre; car si l'effort nécessaire est très-grand, c'est-à-dire si la résistance à vaincre est très-considérable, il est clair que la vitesse imprimée sera faible; si l'effort nécessaire dépassait celui que peut fournir le moteur, elle serait nulle, et le travail effectué le serait également. Ainsi, quand la résistance à vaincre est trop grande, la somme de travail effectué est faible.

À mesure que cette résistance sera plus faible, la vitesse augmentera, mais sans pouvoir dépasser la plus grande vitesse que puisse prendre le moteur; quand elle sera voisine de cette valeur extrême, l'effort sera faible, et, par suite, la quantité de travail. Par conséquent il faut que la résistance à vaincre ne soit ni trop petite, ni trop grande, pour que le travail effectué ait la plus grande valeur possible.

Éclaircissons ce fait essentiel par un exemple. Supposons un cheval attelé à la barre d'un manége; son travail en 1 seconde est le produit de l'effort exercé par le nombre de mètres parcourus. Si la résistance présentée par la barre dépassait la force de traction du cheval, il ne pourrait la faire tourner, et, tout en se fatiguant à tirer, il n'effectuerait aucun travail; si la résistance, sans être tout à fait si grande, n'est pas fort éloignée de cette limite extrême, le cheval, en peinant beaucoup, marchera très-lentement, le travail effectué sera peu considérable; si, au contraire, la résistance est faible, le cheval pourra marcher plus vite, courir même si elle est très-faible; mais quand il aura toute la vitesse dont il est capable, c'est que la barre tournera librement, et que le travail effectué sera encore nul. On voit donc bien clairement qu'il y a une vitesse et un effort correspondant qui donnent lieu au plus grand travail effectué. Pour chaque genre de moteur, il y a ainsi une vitesse qui fournit le maximum d'effet, et l'expérience la fait connaître pour chacun d'eux.

Il y a, de plus, un élément dont il faut tenir compte, c'est le degré de fatigue éprouvé par l'homme ou les animaux quand ils doivent soutenir régulièrement le travail; il ne pourrait dépasser une certaine limite sans nuire à leur santé.

201. Travail de l'homme. — Il existe une infinité de manières d'appliquer la force de l'homme; notre intention n'est point de les indiquer, même sommairement, mais seulement de faire apprécier la différence des résultats qu'on peut obtenir au point de vue de la quantité de travail utile produit.

Quand on emploie l'homme comme moteur, suivant qu'il agit par telle ou telle partie du corps il produit plus ou moins de travail en se fatiguant également : et en supposant qu'il agisse avec les mêmes membres, la quantité de travail produit varie aussi avec la rapidité du mouvement et avec la grandeur de l'effort exercé. C'est à l'expérience à faire connaître, dans chaque cas, quels sont l'effort et la vitesse les plus convenables.

La plus grande somme de travail qu'un homme de force moyenne soit capable de produire d'une manière continue est 280000 kilogrammètres par journée ; c'est celle qu'il développe lorsqu'il élève simplement le poids de son corps sur une rampe douce ou un escalier, en montant et redescendant successivement pendant huit heures par jour. On a employé souvent, dans des travaux de terrassement, pour amener au niveau du sol des terres prises dans une excavation, cette manœuvre, qui four-

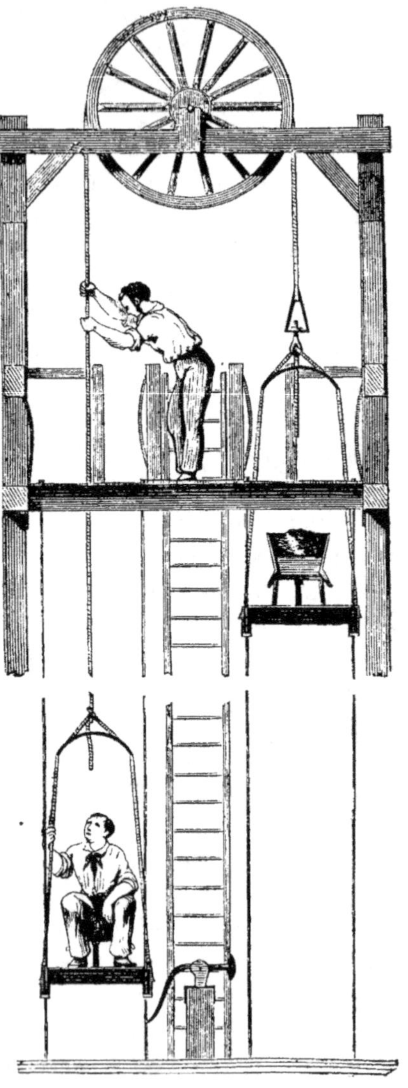

Fig. 178.

nit le mode le plus avantageux d'application de la force de l'homme. Deux espèces de plateaux de balance sont disposés aux extrémités d'une corde qui passe sur une large poulie ; quand l'un des plateaux est au niveau supérieur, l'autre est au fond de l'excavation. Certains ouvriers chargent la terre dans de petits chariots ou dans des brouettes, qu'ils amènent sur le plateau inférieur. D'autres ouvriers n'ont d'autre occupation que de monter par une échelle du niveau inférieur au niveau supérieur, puis de s'y placer dans le plateau vide, où le poids de leur corps, joint à celui d'une brouette vide, fait à peu près équilibre à celui du chariot plein ; un seul homme, placé sur une plate-forme au haut de l'appareil, suffit alors pour produire le mouvement.

Si, au lieu d'employer l'appareil indiqué ci-dessus, les ouvriers chargés de l'élévation des matériaux avaient dû les monter sur leur dos le long d'une rampe, chacun d'eux, au lieu de produire un effet utile de 280000 kilogrammètres, n'aurait produit que 56000 kilogrammètres environ, c'est-à-dire moins du cinquième. D'abord, à chaque voyage, l'homme dépense inutilement tout le travail employé à élever le poids de son corps, poids équivalent à peu près à la charge la plus convenable, et, de plus, le surcroît de fatigue à chaque voyage diminue encore notablement leur nombre, et, par suite, la somme totale d'effet utile produit à la fin de la journée.

202. Lorsqu'il est employé comme moteur, l'homme n'agit guère que sur une manivelle, ou bien sur une roue du genre des roues à chevilles, décrites et figurées précédemment (97). Lorsqu'il agit sur une roue à chevilles ou à marches, il produit à peu près le maximum d'effet utile, parce que, en effet, son travail est absolument le même que lorsqu'il monte un escalier ou une échelle ; c'est donc le meilleur moyen d'employer la force de l'homme pour donner le mouvement à des machines ; quand il agit sur une manivelle, il produit moins des 2,3 de cet effet maximum, 170000 kilogrammètres ; l'expérience a montré que, pour se trouver alors dans les meilleures conditions, le tourneur devait exercer un effort ne dépassant pas 7 ou 8 kilogrammes, et faire faire à la manivelle environ 1 tour en 2 secondes.

203. Au reste, l'emploi de l'homme comme simple moteur perd tous les jours de son importance ; déjà depuis longtemps il a complétement disparu de l'industrie manufacturière, pour céder place aux moteurs hydrauliques, ou, plus souvent encore, à la

machine à vapeur; le perfectionnement graduel des machines motrices de faible puissance permettra bientôt à la petite industrie de profiter des mêmes avantages. Le rôle de l'homme ne doit point être celui d'un simple manœuvre; il ne faut jamais oublier que la meilleure partie de ses moyens d'action réside dans son intelligence, et que, par conséquent, le meilleur emploi à en faire consiste dans une application intelligente faite, sans perte de temps, d'une partie plus ou moins grande de sa force, bien plutôt qu'il ne consiste à en obtenir le maximum de travail brut. Dans tout atelier où existent des machines, l'ouvrier doit les guider, en surveiller le jeu, leur fournir les matières à traiter, mais non les mettre en mouvement. L'emploi de l'homme comme moteur n'est resté indispensable que là où il **est** resté impossible d'opérer nettement la séparation de la machine motrice et de la machine-outil, le travail étant de telle nature, ou présentant des circonstances tellement variées, que l'intervention de l'intelligence y soit nécessaire à chaque instant, comme il arrive, par exemple, dans les opérations domestiques. Mais on s'applique tous les jours à diminuer le nombre de ces opérations pour lesquelles la force de l'homme reste encore l'agent principal et indispensable; l'usage des machines en agriculture se développe sans cesse, et, en ce moment même, le percement de l'isthme de Suez offre un magnifique exemple de l'application toute nouvelle des machines aux terrassements, et de la substitution au travail matériel de l'homme, de celui des agents naturels.

204. Travail des animaux. — Le cheval, et quelquefois l'âne et le bœuf, sont les seuls animaux qui fournissent du travail moteur; le mode d'application de leur force est très-peu varié : ils ne peuvent guère que tirer horizontalement. Le cheval est le seul dont le travail soit d'une véritable importance.

Le plus grand effort de tirage qu'un cheval de force moyenne puisse soutenir pendant quelques instants est 560 kilogrammes; mais on ne va guère au delà du quart de cet effort quand l'animal doit travailler d'une manière continue. La vitesse d'un cheval au petit trot est de $2^m,2$, au pas de $1^m,1$.

205. Pour la production d'un travail moteur applicable aux machines, le seul mode d'application de la force des animaux consiste dans l'emploi d'un manége. Nous avons déjà décrit un

manége rustique (188) servant à l'élévation de l'eau; il est
évident que la corde à laquelle sont attachés les deux seaux pourrait être remplacée par une courroie donnant le mouvement à une
poulie et à un arbre de transmission. Mais lorsqu'un manége per-
manent doit ainsi fournir le mouvement à des machines, la disposition la plus ordinaire est, sauf modifications de détail, celle
qui est représentée ici. Sur l'arbre vertical, actionné directement
par les chevaux, est calée une roue dentée qui communique son

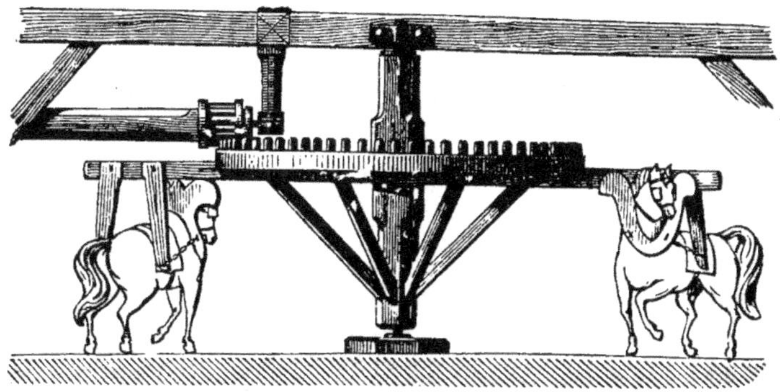

Fig. 179.

mouvement à une roue de transmission; dans la figure, c'est par
un engrenage à lanterne construit en bois que cette communication de mouvement est établie; mais maintenant, les engrenages
en fer, mieux construits et donnant lieu à de moindres pertes par
frottement, sont préférés presque partout, et des roues d'angle
remplacent les engrenages à lanterne.

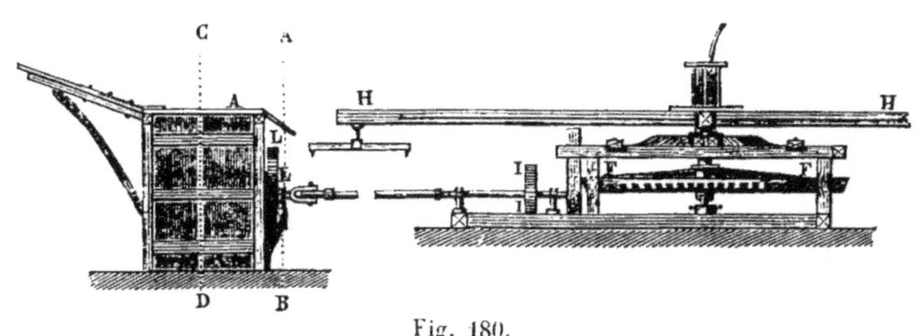

Fig. 180.

C'est surtout dans la machinerie agricole que les manéges sont
employés; on y fait très-fréquemment usage de manéges suscepti-

bles d'être déplacés et installés où on veut. L'arbre vertical, très-court, est maintenu par des pièces faisant corps avec un large patin qu'on établit solidement au moyen de fiches profondément enfoncées en terre ; la couronne dentée et tout l'appareil de transmission est situé presque à ras terre, et l'arbre auquel il communique le mouvement longe le sol, recouvert d'une enveloppe à l'endroit où il croise la piste des chevaux, afin qu'ils ne puissent s'y blesser ; c'est toujours par des joints universels (170) qu'il est relié à la roue mise en mouvement par la couronne dentée.

L'allure la plus avantageuse est le pas : un cheval exerçant au pas un effort de 45 kilogrammes, et travaillant 8 heures par jour, fournit moyennement 1150000 kilogrammètres, c'est-à-dire de 6 à 7 fois plus qu'un homme tournant une manivelle ; on compte ordinairement que le travail d'un cheval équivaut à celui de sept hommes.

206. Charrois. — Il est un autre genre d'ouvrage bien plus fréquemment effectué par des chevaux : c'est le transport horizontal des fardeaux ; il mérite par son importance une mention spéciale.

Comme nous l'avons déjà dit lorsque nous avons parlé de l'évaluation numérique du travail (124), le transport horizontal des fardeaux, considéré en lui-même et d'une manière abstraite, n'exige aucune consommation de travail ; un homme transportant une charge d'un point à un autre sur un terrain horizontal ne produit par là aucun travail ; mais le poids de cette charge oblige à une tension musculaire qui rend la marche pénible ; la fatigue se produirait presque la même si l'homme se mouvait sous son fardeau sans avancer. Si le transport horizontal mérite salaire, c'est la fatigue que l'on paye et non le transport en lui-même ; cela est si vrai que, pour le même prix, on obtient le transport de fardeaux très-inégaux, en raison seulement des facilités plus ou moins grandes. L'homme qui tire sur un canal un bateau chargé de 50000 kilogrammes ne croit pas mériter par là un salaire plus élevé que celui qui aura brouetté un fardeau de 60 kilogrammes sur un chemin. Ce n'est donc pour ainsi dire rien connaître relativement à l'évaluation d'un transport que de savoir le poids du fardeau et la distance parcourue ; les circonstances particulières dans lesquelles il a été effectué ne peuvent en être séparées. C'est à l'expérience à faire connaître, dans chaque cas, quelle a été leur influence.

207. Lorsqu'un homme transporte des fardeaux sur ses épaules, la charge la plus convenable est environ 65 kilogrammes ; la vitesse la plus convenable est $0^m,45$ par seconde, et sa marche peut être soutenue pendant 7 heures : il aura donc transporté 65 kilogrammes à 11 kilomètres environ, ou ce qui revient au même, en supposant qu'il fasse plusieurs trajets de 1 kilomètre chacun, 65×11 ou 715 kilogrammes à 1 kilomètre. Avec une brouette, il pourrait transporter 1100 kilogrammes à 1 kilomètre ; avec une charrette à bras, 3600 kilogrammes à la même distance ; mais encore conçoit-on que cela dépend de l'état des chemins.

Un cheval chargé sur son dos et allant au pas peut recevoir un poids de 120 kilogrammes, et en 10 heures il aura transporté 4752 kilogrammes à 1 kilomètre ; attelé à une charrette, il pourra fournir un résultat 6 fois plus considérable et transporter 28000 kilogrammes environ à 1 kilomètre, sa charge étant de 700 kilogrammes.

208. Lorsque l'homme ou le cheval tirent une charrette au lieu de supporter directement le fardeau qu'ils transportent, ils sont obligés d'exercer un certain effort de traction, et par conséquent d'effectuer un certain travail moteur, qui est entièrement consommé par les résistances passives qui s'opposent au mouvement. Ces résistances varient avec la construction de la voiture, avec son état d'entretien, avec celui de la route. Nous avons déjà indiqué précédemment, dans la première partie (147), quel était le genre d'avantages qu'on trouvait à remplacer le transport par glissement par le transport sur des roues.

La construction des voitures destinées au service courant change peu, et ne produit par conséquent que de légères différences sur le tirage nécessaire *. C'est donc la charge d'une part, et l'état de la route de l'autre, qui exercent la principale influence. D'abord, l'effort nécessaire ou, comme on dit, le *tirage*, est proportionnel à la charge qui pèse sur les roues ; c'est chose à peu

---

* Il est bon de remarquer à ce sujet que le frottement des roues sur leur essieu dépend beaucoup du graissage ; et sur ce point la construction des charrettes est trop négligée. En Angleterre les chariots de ferme eux-mêmes sont pourvus d'*essieux-patents*, c'est-à-dire que leurs essieux sont garnis comme

près évidente, puisque le frottement de la roue sur son essieu et la résistance au roulement (146) sont tous deux proportionnels à cette charge. Le tirage est donc une fraction déterminée de la charge, et la valeur de cette fraction dépend principalement de l'état de la route ; il varie peu avec la vitesse, sauf lorsqu'il y a des chocs, comme il arrive sur le pavé ; dans ce cas, il augmente un peu avec elle, les ébranlements ayant pour effet, comme nous l'avons expliqué (152), de produire une déperdition de force vive, et de nécessiter par là un surcroît de travail moteur.

Voici un tableau où se trouvent consignées des indications moyennes sur le rapport du tirage à la charge :

DÉSIGNATION DE LA ROUTE PARCOURUE.	CHARRETTES	VOITURES SUSPENDUES	
	au pas.	au pas.	au trot.
Sol en terre ferme ou route neuve. . . .	0,10	0,125	—
Route en empierrement — en très-bon état.	0,015	0,020	0,025
Route en empierrement — en état ordinaire.	0,034	0,047	0,058
Route en empierrement — en mauvais état.	0,060	0,08	0,10
Route pavée.	0,016	0,017	0,033

Chemin de fer, tout étant en bon état. . . . . .
- 0,004 à la vitesse des trains de marchandises.
- 0,007 à la vitesse des trains omnibus.
- 0,010 à la vitesse des trains express.

La différence qu'on peut remarquer sur ce tableau à l'avantage des charrettes sur les voitures suspendues, à la même allure, tient à ce que les charrettes ont ordinairement des roues de plus grand diamètre, et que la résistance au roulement, très-appréciable ici (146), est moindre pour les grandes roues que pour les petites. Mais, pour les voitures suspendues, la résistance, qui augmente toujours avec la vitesse, augmente beaucoup moins rapidement qu'elle ne ferait pour les charrettes. Les dégradations produites sur les routes sont aussi beaucoup moins marquées.

ceux des voitures de luxe en France de boîtes empêchant à la fois la graisse de se perdre et la poussière ou le sable de s'y mêler, ce qui augmente le frottement et use les parties en contact.

La somme de travail consommée par ce frottement augmente naturellement avec le nombre des roues.

CHAPITRE III

MOTEURS HYDRAULIQUES

209. Parmi les machines motrices dont l'établissement est fondé sur la mise en œuvre des forces naturelles, les moteurs hydrauliques ont une importance très-considérable ; ce sont les plus anciens qui aient été employés après les moteurs animés [*], et ils le sont encore aujourd'hui le plus souvent possible dans tous les travaux de l'industrie moderne : ce sont en effet de beaucoup les plus économiques de tous, puisqu'ils fournissent un travail qui n'a coûté que la peine de le recueillir.

Ce travail est celui de la pesanteur agissant sur l'eau. Élevée sous forme de vapeur par l'influence de la chaleur solaire, cette eau est retombée en pluie sur les parties élevées de la terre formant les continents ; et, par l'effet de la pesanteur, elle en suit la pente naturelle pour se rendre dans les régions basses, où son accumulation forme les mers : telle est l'origine commune de tous les cours d'eau, ruisseaux, rivières ou fleuves, à la surface de la terre. C'est donc la chaleur solaire qui a élevé l'eau ; son ascension ne nous a absolument rien coûté, et son mouvement descendant sous l'action incessamment renouvelée de la pesanteur nous fournit sans cesse du travail, lequel ne nous coûtera bien,

---

[*] L'emploi des moteurs hydrauliques paraît remonter assez haut, sans qu'on puisse assigner de date bien précise à leur invention, qui a eu lieu dans l'Orient. On commençait à s'en servir en Occident pour faire mouvoir des moulins dans le premier siècle avant l'ère chrétienne. Le célèbre architecte romain Vitruve (116-26 av. J.-C.) donne la description d'un moulin à eau qui diffère fort peu de nos moulins de campagne.

en effet, comme on voit, que la peine de le recueillir. Toute la question est donc de le recueillir le mieux possible ; ce sont les appareils destinés à cet usage qui portent le nom de *moteurs hydrauliques*, ou *roues hydrauliques* parce qu'ils ont presque tous la forme d'une roue.

210. Établissement d'une chute d'eau artificielle. — L'existence d'un travail de la pesanteur suppose une certaine quantité d'eau descendant d'une certaine hauteur. La quantité d'eau dans un temps donné dépend de ce qu'on appelle le *débit* du cours d'eau, et ordinairement on ne peut pas le faire varier. Quant à la hauteur dont cette eau descend, elle dépend de l'inclinaison plus ou moins grande, ou, comme on dit, de la *pente* de la rivière. Or, il est manifeste que, dans la longueur de l'espace que peut occuper une machine, la différence de niveau ne pourrait être bien grande ; c'est pourquoi on fait usage presque toujours de ce qu'on appelle une chute d'eau artificielle. On établit une *retenue d'eau* ou *barrage*, en disposant en travers du cours d'eau une digue ou mur ; l'eau arrêtée par cet obstacle s'accumule derrière lui, et son niveau s'élève en *amont* jusqu'à ce qu'elle atteigne la crête du barrage ; alors elle se déverse par-dessus, et il se produit une chute dont la hauteur dépend de celle du barrage. Dans les circonstances

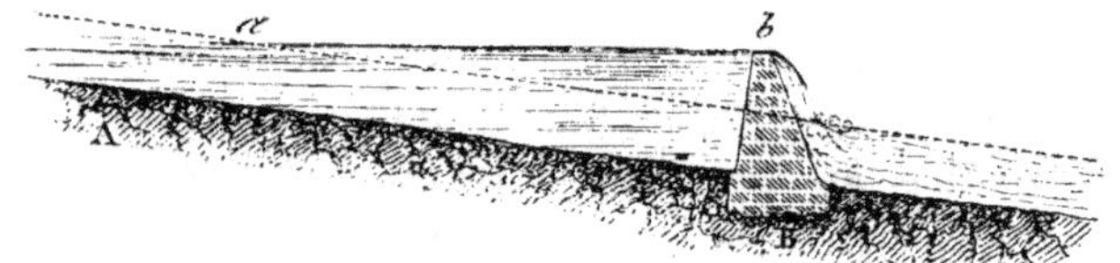

Fig. 181

ordinaires, la surface de l'eau dans une rivière est sensiblement parallèle au fond du lit, dont elle suit la pente ; la présence d'un barrage au point B a pour effet de relever en amont la surface de l'eau, en la rendant horizontale à partir du point *a* situé au niveau de la crête *b* du barrage ; la même dénivellation qui aurait eu lieu sur la longueur AB, en raison de la pente générale, très-exagérée dans notre figure, se produit alors brusquement en *b*.

Les deux parties de la rivière séparées par le barrage s'appellent *biefs* ; celui qui est au-dessus du barrage étant le *bief supérieur* ou *bief d'amont*, et l'autre le *bief inférieur* ou *bief d'aval*.

211. En multipliant la hauteur de la chute par le poids d'eau écoulée en un certain temps, on aura la mesure du travail de la pesanteur pendant ce temps, d'où on conclura le travail par seconde et la puissance de la chute d'eau en chevaux-vapeur. Par exemple, à Don, près Lille, on a établi sur la Deule un barrage et obtenu une chute dont la hauteur moyenne est $2^m,80$; le débit de la Deule, en cet endroit est moyennement de 4 mètres cubes par seconde ; la pesanteur exerce donc un effort de 4000 kilogrammes, et son travail moteur est donc 4000.2,80 ou 11200 kilogrammes par seconde. La puissance de la chute d'eau est donc de $\dfrac{11200}{75}$ ou 150 chevaux-vapeur environ.

C'est par un calcul semblable qu'on évalue la puissance d'une chute : en désignant par P le poids de l'eau débitée par seconde, et par H la hauteur de chute, elle est en chevaux-vapeur $\dfrac{PH}{75}$; et c'est d'après cela qu'on estime sa valeur vénale. Mais il faudrait se garder de confondre cette puissance *brute*, représentant le travail disponible fourni par elle, avec la puissance du moteur hydraulique auquel on l'appliquera, c'est-à-dire avec la puissance *effective* dont l'usine pourra disposer : cette puissance du moteur n'en sera qu'une fraction plus ou moins approchée de l'unité, suivant qu'il sera plus ou moins parfait ; cette fraction est ce qu'on appelle le *rendement* du moteur. Il faut, dans chaque cas, faire un choix judicieux de la roue la mieux appropriée aux conditions de chute et de débit du cours d'eau sur lequel elle doit être établie.

212. Il y a, relativement à la puissance d'une chute d'eau, une remarque essentielle à faire. Cette chute peut offrir des apparences absolument dissemblables, sans que le travail fourni par elle en soit changé. L'effet naturel d'un barrage est de produire un déversement de l'eau, quand elle a atteint son sommet, ou, comme on dit, un écoulement *en déversoir* ; l'eau tombe naturellement de toute la différence de niveau qui existe entre les deux biefs, et il se produit une certaine quantité de travail.

On peut changer complétement l'apparence des choses : supposons qu'au lieu de laisser écouler l'eau par-dessus le barrage, on la laisse écouler par un orifice percé dans le barrage, par exemple à la hauteur du niveau dans le bief inférieur; il n'y aura plus de chute apparente, et cependant le travail disponible sera toujours le même; seulement, il aura pris la forme de force vive. En effet, au lieu de franchir le barrage sans autre vitesse que la vitesse générale du courant, qui est ordinairement faible, pour tomber ensuite à peu près comme un corps abandonné à l'action de la pesanteur, l'eau jaillira par cet orifice situé au-dessous du niveau, avec une vitesse résultant de la pression exercée sur elle par les couches supérieures. Or, nous devons regarder comme un fait d'expérience que, si de l'eau jaillit par un orifice latéral A, sous la pression d'une certaine hauteur d'eau AB, elle jaillit avec une vitesse égale à celle d'un corps qui tomberait de cette même hau-

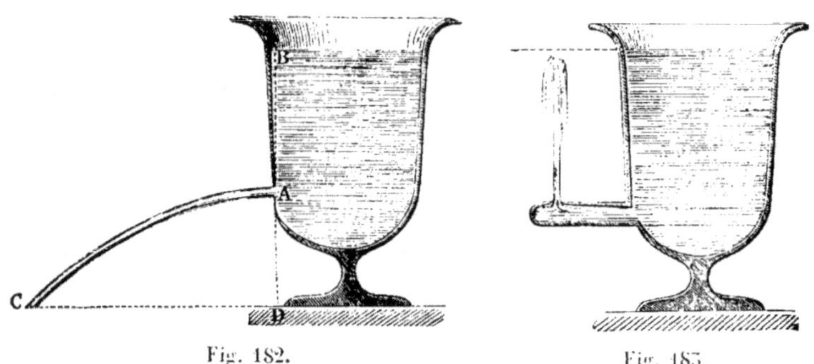

Fig. 182.   Fig. 183.

teur AB; c'est ainsi qu'en tournant l'orifice vers le haut, on obtient un jet qui, malgré la résistance de l'air, les frottements, etc., remonte presque à la hauteur du niveau, surtout si on l'incline quelque peu.

Dès lors, en appelant H la hauteur de la chute, la vitesse de sortie de l'eau sera $\sqrt{2gH}$, et sa force vive pour un poids P sera $\frac{P}{2g} \cdot 2gH$ ou PH; elle aura donc justement la même mesure que le travail moteur effectué par la pesanteur dans la chute de ce même poids d'eau par un déversoir. Seulement, dans ce dernier cas, le travail moteur présente sa forme naturelle, tandis que dans l'autre l'effet immédiat de la pesanteur est de donner à l'eau une vitesse qui la rend capable d'effectuer une quantité équivalente de travail moteur.

213. On peut encore modifier d'une autre façon le travail fourni par une chute, mais toujours, bien entendu, sans pouvoir en augmenter la quantité totale : on peut, par exemple, disposer en amont du barrage un bassin de retenue d'eau, et, en surélevant ce barrage, empêcher l'eau de s'écouler pendant une certaine partie du jour : elle s'accumulera dans ce bassin, et il sera possible ensuite, pendant le reste du jour, de donner à la chute un débit plus considérable que le débit naturel de la rivière. Si on retient l'eau pendant 12 heures sur 24, il sera possible de faire écouler, pendant chacune des 12 heures de travail, deux fois plus d'eau qu'il n'eût été possible sans cela ; on aura donc, pendant ce temps, doublé la puissance de la chute ; mais, comme pour cela il aura fallu la supprimer entièrement pendant l'autre moitié du temps, il est visible que le nombre total de kilogrammètres fournis par elle en un jour est toujours le même.

Il faut remarquer, au sujet de cette manière de procéder, souvent avantageuse, qu'elle a pour résultat nécessaire d'altérer la marche régulière du cours d'eau. Bien qu'on ne retienne jamais effectivement la totalité de l'eau, il suffit qu'on en retienne pendant un certain nombre d'heures une fraction plus ou moins grande pour déterminer un abaissement sensible du niveau dans le bief inférieur. Il peut en résulter des inconvénients ou des dommages de diverse nature, et notamment l'impossibilité de marcher pendant un certain temps, pour des moteurs hydrauliques établis sur d'autres chutes artificielles situées en aval de la première.

214. Conditions générales de bon établissement d'un moteur hydraulique. — Les moteurs hydrauliques peuvent recevoir un grand nombre de formes et fonctionner dans des conditions très-différentes ; mais nous pouvons indiquer d'une manière générale quelles sont les conditions de leur bon fonctionnement.

Ces conditions d'établissement parfait, conditions en quelque sorte idéales, parce qu'il n'est jamais possible de les réaliser autrement que d'une manière approchée, peuvent se résumer en deux principales. D'une part, il faut que l'eau commence à agir sur la roue, sans qu'il y ait choc ; et de l'autre, il faut qu'elle ne conserve point de vitesse au moment où elle cesse d'agir : *point de choc à l'entrée, plus de vitesse à la sortie* ; telles sont les conditions théoriques de la perfection pour un moteur hydraulique. C'est ce qu'il est bien facile de comprendre. D'abord, si l'eau arrive avec une vitesse différente, soit en grandeur, soit en direction de celle qu'a déjà la partie de la roue sur laquelle elle doit agir, si elle doit ainsi brusquement s'accommoder à ce mouvement de la roue, il se produira des agitations inutiles, des remous, des bouillonnements de l'eau, des ébranlements à la fois inutiles et nuisibles de la roue; toutes causes évidentes de perte de travail, ainsi que nous l'avons dit à propos de la transmission du travail (144). Il faut donc éviter tout choc au moment où l'eau commence à entrer en action; et il faut du moins les atténuer autant qu'il est possible.

Quant à l'autre condition, elle est encore plus évidente; tant que l'eau conserve de la vitesse, elle a de la force vive, c'est-à-dire qu'elle est capable d'effectuer du travail; la roue laissera donc échapper du travail disponible, si elle abandonne l'eau ayant encore de la vitesse.

215. A ces deux conditions essentielles il en faut joindre d'autres, accessoires mais non moins utiles et surtout non moins évidentes.

D'abord, il faut éviter toute cause de ralentissement du mouvement de l'eau avant son action, puisque toute diminution de vitesse est une diminution de force vive, c'est-à-dire une perte sur le travail disponible. Il faut donc éviter tout ce qui peut gêner le mouvement de l'eau dans le bief supérieur, tout étranglement, tout changement brusque dans la forme ou la direction du courant, toute circonstance augmentant le frottement de l'eau contre le fond ou les parois de son lit. Comme la vitesse de l'eau jaillissant d'un orifice est produite par la charge d'eau qui pèse sur elle, toute diminution de vitesse est désignée sous le nom de *perte de charge:* il faut donc éviter toute perte de charge avant l'entrée en roue.

Il faut encore éviter qu'une partie de l'eau formant la chute passe d'un bief dans l'autre sans agir sur la roue.

Ce sont là toutes choses évidentes d'elles-mêmes, et ce sont pourtant là autant de causes de pertes de travail presque toutes inévitables, au moins dans une certaine mesure; on ne peut qu'en atténuer les effets, et le rendement du moteur est d'autant plus grand qu'on y a mieux réussi.

216. Indiquons maintenant les différents genres de moteurs hydrauliques. On peut d'abord les distinguer en *roues verticales*, qui sont de beaucoup les plus répandues, et en *roues horizontales* ou *turbines*. Nous commencerons par examiner succinctement les roues verticales.

On doit elles-mêmes les classer, suivant la manière dont elles reçoivent l'action de l'eau, en *roues en dessous, roues de côté* et *roues en dessus*. L'apparence générale de ces différents moteurs ne varie pas beaucoup : c'est toujours une grande roue montée sur un essieu ou arbre horizontal, et dont le pourtour extérieur est garni d'appendices nommés *aubes*, qui reçoivent directement l'impulsion de l'eau. Néanmoins, comme nous allons le voir, le mode d'action de cette eau varie assez notablement.

217. Roues en dessous. — Les roues en dessous sont les plus anciennement employées, et presque toutes celles qu'on rencontre dans les moulins de nos campagnes appartiennent à cette catégorie. Indiquons d'abord leur installation.

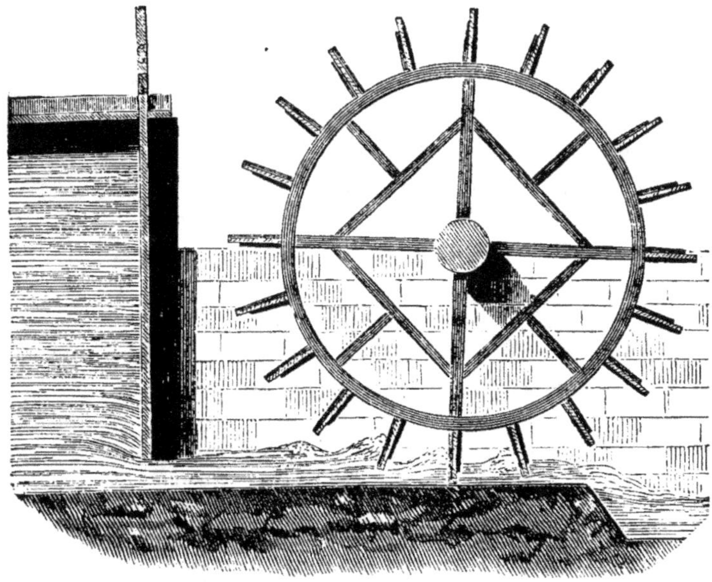

Fig. 184.

En aval d'un barrage percé d'une ouverture inférieure pour le passage de l'eau d'un bief dans l'autre, et en face de cette ouverture, est disposé un petit canal en maçonnerie ayant juste la largeur de la roue, et dans lequel elle se trouve comme enchâssée ; ce canal s'appelle le *coursier*, ses deux murs latéraux en sont les *joues*, et le fond se nomme le *radier*. La roue elle-même est ordinairement formée de deux couronnes parallèles réunies à l'arbre par une charpente. Des chevilles ou *bracons*, implantées en des points correspondants sur les jantes, portent des planches transversales qui sont les aubes ou palettes. Ces palettes sont ordinairement à $0^m,35$ ou $0^m,40$ les unes des autres, et ont une hauteur à peu près égale ; quant à leur largeur, elle doit être presque la même que celle du coursier ; de sorte qu'une roue bien construite et bien montée ne laisse pas plus de $0^m,02$ de jeu de chaque côté, entre le bord latéral des palettes et les joues du coursier. L'ouverture du barrage est munie d'une sorte de porte ou *vanne*, qui peut se lever ou se baisser au moyen d'une crémaillère et d'un pignon, comme il est indiqué sur la figure 189 ci-après.

Sous la pression des couches supérieures, l'eau jaillit par l'ouverture du barrage ; elle vient heurter les palettes de la roue et lui donne ainsi le mouvement ; l'arbre est ensuite mis en communication avec les outils qu'il doit servir à mettre en action.

218. On voit que l'eau agit par sa force vive ; et le travail moteur de la pesanteur est, comme nous l'avons expliqué plus haut, représenté par cette force vive, qui se transforme de nouveau en travail moteur à la rencontre des palettes. De là résulte que, avec la disposition ci-dessus décrite, et qui est la plus ordinaire, il est impossible d'éviter qu'il y ait choc de l'eau sur les palettes, puisque cette eau n'agit sur elles que par suite de sa vitesse supérieure : ainsi, la première des deux conditions indiquées plus haut (214) ne peut être satisfaite. La seconde ne peut l'être davantage, puisque l'eau contenue entre deux aubes participe à leur mouvement, et qu'ainsi, au moment où elle cesse d'agir, elle a nécessairement une vitesse égale à celle des aubes.

La roue ci-dessus décrite, et qu'on nomme roue en dessous à *aubes planes*, est donc nécessairement, et quel que soit le soin avec lequel elle ait été construite, un moteur défectueux, donnant lieu à une perte de force vive par choc à l'entrée, et à une autre perte par abandon à la sortie : aussi son rendement est-il toujours très-faible, comme nous le verrons tout à l'heure.

219. Puisqu'on ne peut éviter ces pertes de travail, du moins il faut les atténuer autant que possible, et pour cela il n'y a qu'un élément dont on puisse disposer, c'est la vitesse de la roue. Cette vitesse dépend du travail résistant effectué sur les outils que la roue fait mouvoir, puisque ce travail diminue d'autant la force vive totale de la machine. On peut donc faire varier cette vitesse en diminuant ou en augmentant la résistance, ou, comme on dit, en *chargeant* plus ou moins la roue. Or, il y a nécessairement une vitesse plus convenable que toute autre, et pour laquelle la quantité de travail recueilli, c'est-à-dire le travail moteur effectué par l'eau sur les palettes, est plus grande que pour toute autre.

C'est ce dont il est facile de se rendre compte ici, de même que nous l'avons fait (200) pour les moteurs animés. L'eau sort de la vanne avec une certaine vitesse : si, les résistances au mouvement étant très-faibles, la roue tournait assez vite pour que les palettes eussent la même vitesse, il est visible que l'eau ne les pousserait point ; elle n'effectuerait aucun travail. Si donc alors en chargeant la roue on diminue sa vitesse, on augmentera la quantité de travail effectuée, qui ne sera plus nulle. Mais par l'augmentation graduelle des résistances, on peut aller jusqu'à arrêter la roue, et alors le travail de l'eau sera encore nul. Ainsi le travail recueilli, d'abord nul en même temps que la charge de la roue, a commencé par augmenter avec elle, à mesure que la vitesse a diminué ; mais au delà d'un certain point, il a dû cesser d'augmenter avec la charge, et diminuer en même temps que la vitesse, puisqu'il arrive à être nul en même temps qu'elle. Or, une quantité qui augmente d'abord, pour diminuer ensuite, a dû passer par un maximum : il y a donc une charge, et, par conséquent, une vitesse fournissant le maximum d'effet utile.

220. L'expérience a montré que cette vitesse du maximum d'effet pour les palettes était 0,45 de la vitesse de l'eau dans le coursier. Pour une chute de 1 mètre seulement, cette dernière vitesse serait $\sqrt{2g}$, environ 4 mètres ; celle des palettes devrait donc être un peu moins de 2 mètres par seconde. Au reste, il faut remarquer que, pour une charge quelconque de la roue, la vitesse se réglera d'elle-même, car de cette vitesse dépend la quantité de travail recueilli par les palettes ; si l'état actuel de la vitesse est tel que le travail moteur de l'eau surpasse le travail

des résistances surmontées, cette vitesse augmentera, et la quantité de travail moteur recueilli diminuera jusqu'à ce qu'elle équivale seulement au travail résistant, et que, par conséquent, le mouvement devienne uniforme. De même, si le mouvement étant actuellement uniforme, on vient, par exemple, à diminuer la charge, le travail moteur l'emportera ; mais il accroitra la vitesse, et par là il se réduira de lui-même à la nouvelle valeur du travail résistant.

221. Avec la charge la plus favorable, et par suite avec la vitesse du maximum d'effet, le travail recueilli par une roue à aubes planes ne peut atteindre 0,25 du travail disponible fourni par la chute d'eau ; et comme il y a toujours du jeu entre la roue et le coursier, ce qui permet qu'une certaine quantité d'eau passe sans agir, comme les frottements absorbent du travail, il en résulte que la plupart du temps le rendement ne dépasse pas 0,10 à 0,12.

On peut obtenir 15 à 18 p. 100 du travail disponible en emboîtant la roue à sa partie inférieure dans un radier circulaire, d'une étendue égale à l'intervalle de trois aubes consécutives (à peu près comme il va être dit plus bas pour la roue Poncelet) ; on diminue ainsi les pertes d'eau. Il faut avoir soin aussi d'incliner le barrage de manière à ce que la vanne soit aussi près que possible de la roue.

222. Malgré ce faible rendement, les roues en dessous n'ont pas cessé d'être employées, et cet usage constant tient d'abord à la simplicité de leur construction et de leur installation, qui permet de confier leur établissement à l'ouvrier le moins expérimenté ; d'ailleurs, le plus souvent le travail fourni par la chute d'eau est surabondant, et on se préoccupe peu de l'économiser. Elles ont, de plus, un avantage considérable, c'est que, même sous une chute de peu de hauteur, elles prennent une grande vitesse ; avec une chute de 2 mètres, ce qui n'est pas rare, la vitesse du maximum d'effet sera pour les palettes environ la moitié de celle d'un corps pesant tombant d'une hauteur de 2 mètres (220), c'est-à-dire $\sqrt{2g.2}$; elle sera donc environ 5 mètres, et si la roue a 5 mètres ou $5^{m},50$ de diamètre, comme celles de beaucoup de moulins, elle fera 15 à 20 tours par minute. Cette rapidité permettra d'obtenir, avec un seul couple de roues d'angle, la vitesse de rotation nécessaire aux meules (environs 70 tours par minute).

C'est ce que montre la figure ci-jointe ; l'arbre A de la roue communique son mouvement à un axe vertical B, lequel pourrait

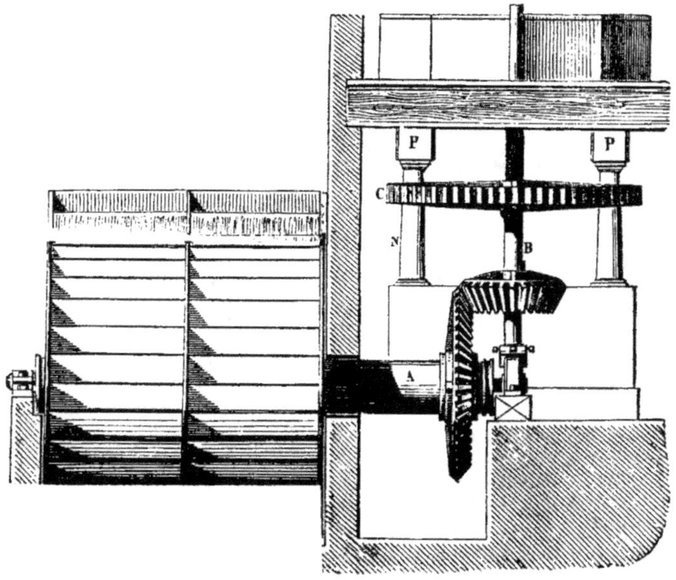

Fig. 185.

être celui d'une meule ; ici c'est un axe intermédiaire qui, au moyen d'une roue horizontale C, donne le mouvement à la fois à plusieurs meules, dont les axes P portent des pignons.

Enfin, cette rapidité a un autre avantage : la vitesse de l'eau dans le coursier est plus grande qu'elle ne le serait avec une autre roue, et pour une même quantité d'eau à dépenser on n'est pas obligé de donner à la roue une aussi grande largeur.

On conçoit donc qu'il y avait un grand intérêt à perfectionner la roue en dessous, de manière à lui donner un rendement meilleur, tout en lui conservant ses avantages propres.

225. Roue Poncelet, à aubes courbes. — C'est ce qu'a réalisé de la manière la plus ingénieuse M. Poncelet[*]. Par une simple

* Poncelet (né à Metz en 1788, mort à Paris en 1868), membre de l'Académie des sciences, officier du génie, général de division, fut professeur à l'École d'application d'artillerie et du génie à Metz, puis à la Faculté des sciences de Paris. Le général Poncelet a fait de très-beaux travaux en géométrie, et on peut dire qu'il a été le promoteur de l'enseignement raisonné de la mécanique pratique.

modification, il est arrivé à faire de la roue en dessous un moteur théoriquement parfait, satisfaisant à la fois aux deux conditions précédemment indiquées.

La roue Poncelet est disposée en aval d'un barrage portant une vanne, à peu près comme la roue ordinaire ; la seule différence

Fig. 186.

essentielle qu'elle présente avec elle consiste dans la forme de ses aubes, qui sont courbes au lieu d'être planes, de manière à ce que l'eau les rencontre presque par la tranche, au lieu de les frapper perpendiculairement.

Lorsque l'eau jaillissant de la vanne arrive au contact d'une aube, cette aube ne se présente plus comme un obstacle transversal qu'elle doit nécessairement heurter, mais comme un plan incliné sur la pente duquel elle s'engagera en raison de son excès de vitesse ; elle montera (fig. 187) jusqu'à une certaine hauteur en b, pour redescendre ensuite par l'effet de son poids, et lorsqu'elle sera revenue en a, elle aura, par rapport à l'aube, un mouvement rétrograde, dirigé en sens contraire du mouvement général de l'aube avec la roue. Dès lors on conçoit que, pour un rapport convenable des vitesses, ces deux causes puissent se neutraliser, et que, au moment où l'eau revient en a, c'est-à-dire sort de la roue, elle puisse ne plus avoir de vitesse, ou en avoir une très-faible. C'est ce qui arrive, en effet, lorsque la vitesse de l'aube

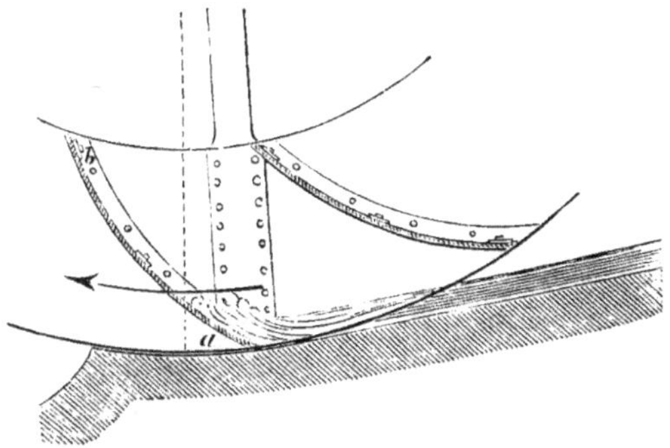

Fig. 187.

est la moitié de celle de l'eau, comme le montrerait un petit calcul fort simple.

On voit comment la roue Poncelet réalise à la fois les deux conditions essentielles posées précédemment. Indiquons maintenant quelques détails de construction. Au lieu d'être soutenues par des bracons, les aubes sont emboîtées entre deux couronnes latérales, qui empêchent l'eau de s'épandre inutilement. L'ouverture de la vanne par laquelle arrive cette eau est un peu plus étroite que les aubes, de manière à ce qu'il n'y ait pas d'eau perdue en dehors de la roue, très-exactement emboîtée dans le coursier; et pour diminuer les pertes de charge en facilitant la sortie de l'eau, on a reconnu qu'il y avait avantage à incliner le barrage, comme l'indique la figure 186; le radier lui-même est légèrement incliné; enfin, pour que l'eau, qui n'a plus qu'une très-faible vitesse à sa sortie de la roue, puisse s'écouler, ce radier se termine par un ressaut brusque, un peu au delà de l'aplomb de l'arbre. La forme des aubes courbes est à peu près indifférente; elles doivent être plus rapprochées, et par conséquent plus nombreuses que ne sont ordinairement les aubes planes des roues ordinaires. Il est essentiel qu'elles aient une hauteur suffisante, environ le quart de la hauteur de chute, tant qu'elle ne dépasse pas 2^m,50.

Le rendement des roues Poncelet varie de 0,60 à 0,75; c'est-à-dire qu'il est au moins triple du rendement des roues à aubes planes établies dans les meilleures conditions. Les chutes au-dessous de 2 mètres, assez abondantes pour que l'épaisseur de la lame d'eau ait $0^m,25$ à $0^m,30$, sont celles qui fournissent le meilleur rendement.

224. **Roues pendantes.** — Parmi les roues en dessous, nous devons encore mentionner les roues dites *roues pendantes*, qui sont des roues à palettes habituellement installées sur des bateaux, plongeant dans la rivière et mues par le courant. Le mode d'action de

Fig. 188.

l'eau est visiblement le même ici que dans les roues en dessous ; mais il n'y a pas lieu de se préoccuper du rendement, puisque la roue recueille un travail tout à fait surabondant. En élargissant les aubes, on pourra toujours augmenter à volonté la puissance de la roue. La vitesse du maximum d'effet pour les aubes est environ 0,40 de celle du courant.

225. **Roues de côté.** — Dans les roues de côté, l'eau agit, non plus par sa force vive, mais par son poids ; c'est-à-dire que la chute présente sa disposition naturelle. L'eau passant par-dessus le barrage (fig. 188) est reçue par les aubes, pèse sur elles, les entraîne dans sa chute, et donne ainsi le mouvement à la roue.

Visiblement, il est encore impossible ici de réaliser complétement les deux conditions fondamentales. L'eau arrive avec une vitesse horizontale sur une aube, qui a seulement un mouvement vertical ; elle vient donc choquer le fond de l'espèce de vase formé par l'intervalle de deux aubes. De plus, quand elle abandonne la roue, elle a la même vitesse que les aubes. On ne pourra donc qu'atténuer le mieux possible ces inconvénients.

Le moyen le plus efficace pour cela est de rendre extrêmement lent le mouvement de la roue, et d'y faire arriver l'eau en lame aussi mince que possible, à peu près à la hauteur de l'axe, de manière à ce que, soit à l'entrée, soit à la sortie, elle n'ait que le moins de vitesse possible.

On arrive ainsi à obtenir un rendement extrêmement avantageux, qui atteint et dépasse même 0,80.

Fig. 189.

Seulement, d'une part, on est souvent obligé par la lenteur du mouvement à multiplier les engrenages pour se procurer la vitesse nécessaire aux outils, ce qui cause un certain déchet sur le travail; de l'autre, afin de permettre à l'eau qui arrive lentement et en couche mince d'entrer en quantité suffisante, on est forcé de donner au déversoir, et par suite à la roue, une largeur considérable, qui va quelquefois jusqu'à 5 ou 6 mètres. En même temps il faut que cette roue ait un diamètre au moins double de la hauteur de chute; on en fait qui ont jusqu'à 10 et 12 mètres de diamètre. On voit que dans ces conditions d'établissement la roue de côté lente est un moteur excellent, mais encombrant et coûteux. Elle ne convient pas aux cours d'eau dont le niveau et le débit varient d'une manière sensible.

226. Habituellement, la roue est emboitée, aussi exactement que possible, dans un coursier dont le profil circulaire a pour but de retenir l'eau sur les palettes qui l'ont reçue ; le radier se termine souvent par un petit ressaut destiné à faciliter la sortie de l'eau. Dans la pratique ordinaire, et lorsqu'on tient moins à profiter de toute la puissance de la chute d'eau qu'à diminuer la largeur de la roue, l'expérience a montré qu'on devait s'arranger pour que les intervalles entre les aubes fussent remplis aux deux tiers. Pour cela, on augmente l'épaisseur de la lame d'eau ; on lui donne 20 à 25 centimètres ; l'eau arrive alors avec une vitesse de $1^m,50$ à 2 mètres ; et on charge la roue de manière que celle des aubes soit à peu près moitié moindre. On obtient un rendement qui est environ 0,60.

227. Dans certaines circonstances, par exemple pour les chutes dont la hauteur dépasse 2 à 5 mètres, on a employé des orifices noyés ; l'eau sort sous une certaine charge, et par suite avec une grande vitesse. Il faut alors la faire arriver, non pas à la hauteur de l'axe, mais plus bas dans la roue, comme le montre la figure 190, dans une direction qui ne soit plus perpendiculaire à celle du mouvement des aubes, puisqu'elle doit commencer à agir par sa force vive avant d'agir par son poids. Il est visible, du reste, que c'est au point de vue du rendement une mauvaise condition, puisque par là on se rapproche de la roue en dessous : ce rendement tombe souvent alors à 0,50 et même 0,40. Mais, il faut bien le remarquer, il ne s'ensuit pas nécessairement que ce soit toujours chose mauvaise au point de vue industriel. Par ce fait même qu'on se rapproche des roues en dessous, on acquiert une partie de leurs avantages : vitesse plus grande, diamètre moindre, établissement plus économique ; et si le travail fourni par la chute est surabondant, il n'y a pas lieu de se préoccuper du rendement. C'est ainsi que le point de vue pratique et industriel n'est pas toujours le point de vue théorique.

Lorsque l'eau conserve encore à sa sortie une vitesse assez grande, on tire parti jusqu'à un certain point de sa force vive en l'employant à refouler l'eau du bief inférieur, ce qui augmente quelque peu la hauteur efficace de chute. On prolonge alors le fond du coursier par une pente douce, comme on le voit à la

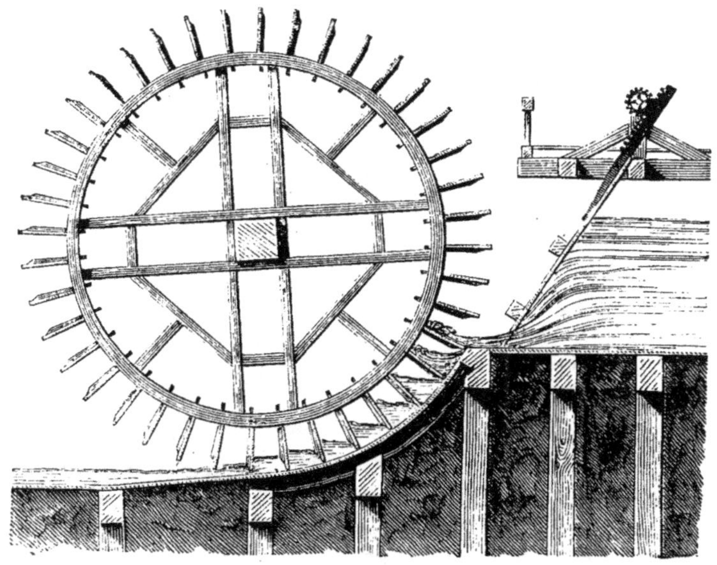

Fig. 190.

figure 190, au lieu de le terminer par un ressaut comme à la figure 189.

Cette disposition est applicable avec avantage aux roues en dessous à aubes planes.

228. **Roues à augets.** — Les roues à augets, dites aussi roues en dessus, reçoivent l'eau à leur partie supérieure; ce sont ordinairement les plus puissantes des roues hydrauliques; ce sont celles qui conviennent pour les chutes élevées, de 5 à 12 mètres, leur diamètre étant à peu près égal à la hauteur de la chute.

Elles diffèrent comme construction des précédentes en ce que l'intervalle de deux aubes est toujours fermé latéralement par deux couronnes, comme dans la roue Poncelet, et par un fond plein qui en fait un *auget* capable de garder l'eau qu'il reçoit.

L'eau arrive du bief supérieur par un canal, à peu près tangentiellement au sommet de la roue; les augets pleins déterminent par leur poids le mouvement de rotation, et se vident successivement quand ils arrivent en bas de la roue. L'eau agit donc par son poids, comme dans les roues de côté. Aussi une partie des obser-

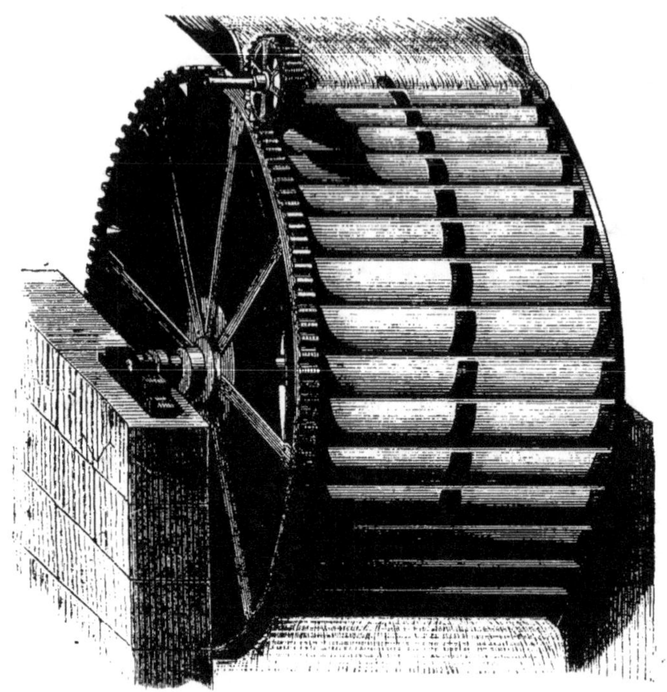

Fig. 191.

vations faites sur ces dernières est-elle applicable aux roues à augets : pour atténuer le choc au moment où l'eau commence à agir, il faut lui donner seulement une faible vitesse dans le canal d'arrivée. Mais la principale cause de perte de travail est ici que les augets commencent à se vider avant d'être arrivés au point le plus bas de la roue, ce qui équivaut évidemment à une diminution sur la hauteur de la chute d'eau. Il est impossible qu'il en soit autrement ; aussitôt qu'un auget a atteint une certaine inclinaison, il doit déverser l'eau qu'il contient, et il ne se vide que graduellement.

Le profil adopté pour les aubes a une certaine influence sur ce déversement de l'eau ; celui qui est le plus employé est représenté figure 192, le fond plat ayant la moitié de la largeur de la couronne, et la partie inclinée aboutissant pour chaque aube en face du fond de l'aube suivante. Quand on veut augmenter la capacité de l'auget et lui faire garder l'eau plus longtemps, on augmente la largeur du fond (fig. 193); on peut aussi employer

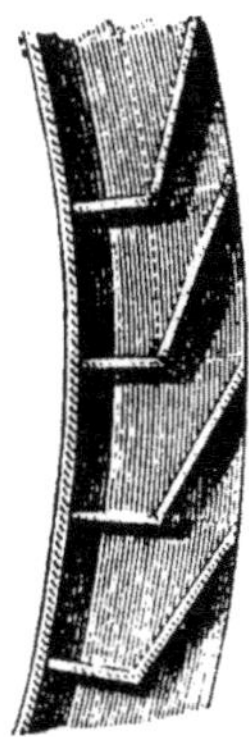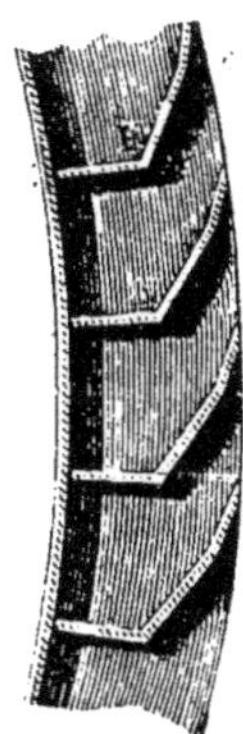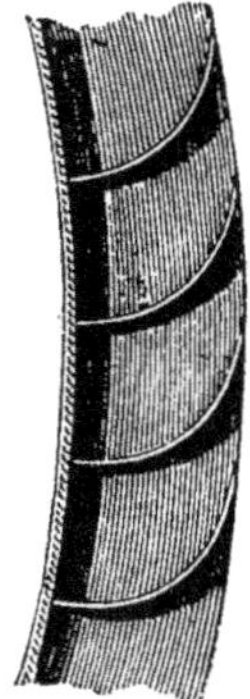

Fig. 192.   Fig. 193.   Fig. 194.

un profil courbe (fig. 194), quand les augets sont faits en tôle. Mais on tombe alors dans un autre inconvénient : les augets n'arrivent à se vider complétement qu'après avoir dépassé le point le plus bas, et à partir de là ils ne donnent plus lieu qu'à un travail résistant. Dans une roue lente, où la vitesse des augets ne dépasse pas 1^m,50 à 2 mètres, le déversement de l'eau équivaut assez exactement à une réduction de la chute aux 0,80 de sa hauteur; et comme les autres causes de perte ont en somme peu d'influence, le rendement peut atteindre 0,75.

Ces roues lentes sont assez souvent munies d'une denture, comme le représente la figure 191, et elles engrènent avec un pignon dont l'axe transmet le mouvement.

Lorsque la vitesse des augets est grande, l'eau qui s'y trouve contenue est projetée au dehors bien avant la position pour laquelle le déversement devrait avoir lieu naturellement ; la perte sur la hauteur de chute devient alors beaucoup plus considérable, et le rendement diminue de même ; pour une vitesse de 2^m,50 à 3 mètres, il ne sera plus guère que 0,60 ou 0,65 ; il peut tomber à 0,40, à 0,25 même pour les roues à grande vitesse employées dans certains pays de montagnes ; il est vrai que, dans ces cas-là, le travail est presque toujours surabondant, et la question de rendement n'a plus qu'une importance secondaire. L'expérience a montré que cette perte d'eau provenant de la vitesse des augets est moins grande relativement pour les roues d'un grand diamètre, 8 à 10 mètres, que pour les petites.

229. Turbines. — On désigne maintenant sous le nom de turbines un système de roues à axe vertical qui a été extrêmement perfectionné depuis un demi-siècle, mais dont l'idée première est fort ancienne. On a employé de temps immémorial dans les Cévennes, pour faire tourner des meules de moulins, ce qu'on appelait des *roues à cuillers*. Sur la partie inférieure de l'axe même de la meule, on dispose autour d'un moyeu un certain nombre de pièces en bois présentant obliquement une concavité. L'eau jail-

Fig. 195.

lissant d'une chute par un canal incliné vient frapper sur ces cuillers et les met en mouvement. Il est visible qu'il y a là, par suite du choc, du rejaillissement et de la perte en eau passant sans agir, un déchet très-considérable sur la quantité de travail disponible; néanmoins, la simplicité d'installation et de transmission a continué longtemps à les faire employer; d'ailleurs, elles étaient le plus souvent mises en jeu par des chutes peu abondantes mais d'une hauteur considérable, pour lesquelles les autres systèmes de roues n'étaient pas applicables non plus dans de bonnes conditions.

Le grossier engin du paysan des Cévennes, n'utilisant qu'une très-faible portion de la puissance de la chute, est devenu entre

les mains des ingénieurs modernes un véritable moteur industriel, dont le rendement égale celui des anciennes roues les plus
parfaites, et qui a conservé de son origine ce caractère, de convenir presque seul aux chutes d'une grande hauteur, bien qu'il soit
applicable aux autres.

Comme les turbines ne sont pas d'un emploi aussi multiplié
que les anciennes roues, nous ne décrirons pas ici les diverses
variétés que présente leur construction. Nous nous contenterons,
pour donner une idée de ce qu'est une turbine, de faire connaître
les dispositions de l'une d'elles, celle qui est désignée sous le nom
de turbine *Fourneyron*, du nom de son inventeur; elle est représentée dans son ensemble par la figure 196.

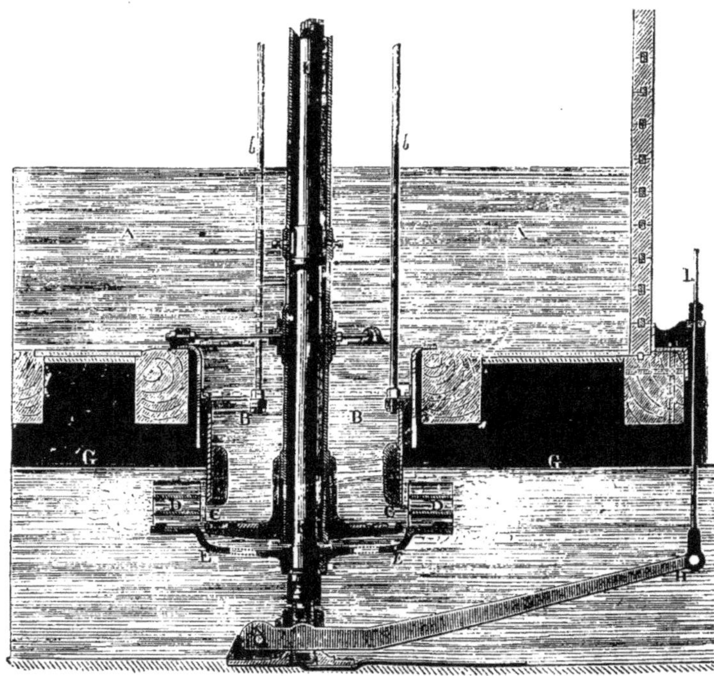

Fig. 196.

230. L'établissement de cette roue, et en général de toutes
les turbines, est d'abord fondé sur un mode de communication
spécial entre les deux biefs. Le bief d'amont A, qui, dans la
figure, est supposé s'étendre vers la gauche, est prolongé au delà

du pied du barrage par une construction, de manière à surplomber sur une petite longueur au-dessus du bief d'aval G. La communication se trouve établie par une ouverture ou *puits* BB percée dans le plancher de cette *chambre d'eau*. L'écoulement a donc lieu de haut en bas sous une certaine charge, et c'est par sa force vive que l'eau agit dans une turbine.

Dans la turbine Fourneyron, l'ouverture BB, circulaire, est garnie de parois verticales et d'un fond CC, situé un peu au-dessous du niveau G du bief inférieur et soutenu d'en haut par une pièce fixe : mais, entre ce fond et la paroi, il y a un intervalle formant un orifice annulaire par où l'eau jaillit horizontalement.

Autour de cet orifice, et recevant ainsi l'action de la nappe d'eau jaillissante, est disposée la roue ou turbine DD. On ne peut mieux se la figurer qu'en imaginant une roue Poncelet, telle que nous l'avons décrite plus haut, couchée horizontalement de manière à entourer l'orifice de sortie d'eau ; seulement les bras sont remplacés par une sorte de cuvette en fonte EE, concave, de manière à se trouver en dessous du fond CC ; l'axe, vertical, repose sur une crapaudine au fond du bief d'aval, et passe au travers de la pièce centrale qui soutient le fond CC et qui lui sert en même temps de gaine.

La figure 197 représente en plan la roue DD dont on aperçoit les aubes courbes, et la partie inférieure du puits B. L'eau jaillirait en chaque point de l'orifice annulaire perpendiculairement, c'est-à-dire dans le sens du rayon, et elle choquerait obliquement les aubes verticales de la roue. Dans le but d'atténuer ce choc,

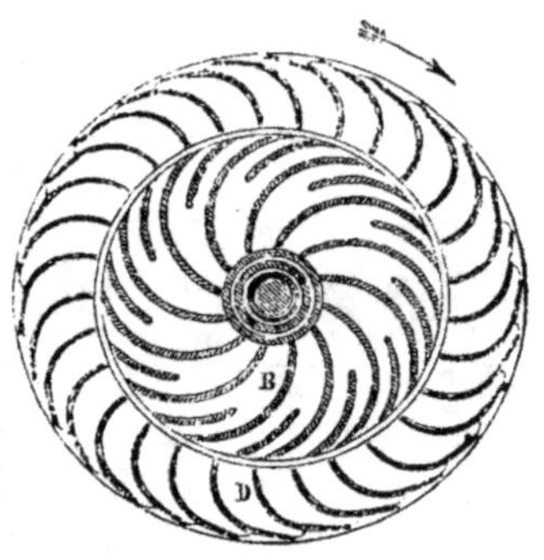

Fig. 197.

on dispose dans le puits B des cloisons verticales ou *directrices* entre lesquelles l'eau est obligée de circuler, et dont elle prend la direction, calculée de manière à rendre son action le plus efficace possible.

Un cylindre *aa* intérieur au puits (fig. 196), et pouvant être abaissé ou relevé au moyen de tringles verticales *bb*, sert de vanne et permet de faire varier la quantité d'eau reçue par la roue. Mais lorsque cette vanne est abaissée, par exemple dans la position représentée sur la figure, l'eau n'entre plus que sur une portion seulement de la hauteur de la roue; alors, dans son mouvement, elle rencontrera et devra entraîner, en consommant inutilement une portion de sa force vive, celle qui remplit déjà le reste de la roue, et le rendement peut diminuer par là de plus d'un tiers. C'est pour atténuer cet inconvénient que M. Fourneyron dispose dans l'épaisseur de la roue des cloisons horizontales qui la partagent pour ainsi dire en trois roues juxtaposées; dans la figure, deux seulement de ces compartiments reçoivent l'eau. C'est en somme un palliatif assez peu efficace.

Afin de pouvoir régler la position de la turbine de manière à ce qu'elle soit bien en face de l'orifice de sortie, la crapaudine qui supporte l'axe est portée par un levier GH, qu'on peut manœuvrer au moyen de la tige L.

251. Les autres dispositions de turbines, dans la description desquelles nous n'entrerons pas ici, diffèrent principalement de la turbine Fourneyron en ce que l'eau jaillit par un orifice annulaire dans le sens vertical; elle sort de même entre des directrices *ee*, qui sont ici inclinées, et la roue, placée au-dessous, présente à l'impulsion de cette eau des palettes *ff* inclinées en sens inverse qui reçoivent le mouvement tout à fait de la même façon. Ces différentes turbines présentent du reste des résultats pratiques très-analogues.

Les turbines sont le seul genre de moteur qui fournisse un rendement avantageux sous l'action d'une chute de grande hauteur, et qui convienne par conséquent alors, à moins que le travail ne soit tout à fait surabondant. Elles sont du reste favorables aussi bien pour les moyennes ou petites chutes que pour les grandes, et peuvent marcher, sans diminution notable du rendement, à des vitesses très-éloignées de celle qui donne le maximum

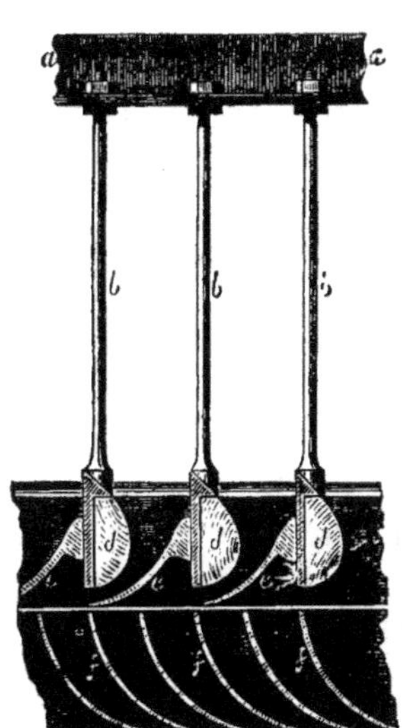

Fig. 198.

d'effet. Ce rendement peut être évalué à 0,60 ou 0,65 au moins, lorsqu'elles sont dans de bonnes conditions; il est même plus fort dans certaines circonstances, et a atteint quelquefois 0,70 et même 0,75.

L'autre caractère des turbines est de marcher à une vitesse ordinairement bien supérieure à celle des autres roues. Ainsi, M. Fourneyron avait établi à Saint-Blaise, dans la forêt Noire, sous une chute de 108 mètres, une turbine ayant $0^m,55$ de diamètre, faisant 2,500 tours par minute, avec un rendement 0,75. A Moussay (Vosges), sous une chute de 7 mètres, une turbine de $0^m,85$ faisait 250 tours par minute, avec un rendement 0,70. A la poudrerie du Bouchet, une turbine de $1^m,20$ de diamètre, faisant 45 tours par minute, donnait un rendement 0,71.

Quand la chute est très-élevée, on ne peut plus avoir une chambre d'eau construite dans les conditions ordinaires. La turbine est alors montée dans une cuve ou bâche en fonte, alimentée par un tuyau qui vient du réservoir supérieur.

232. Les turbines ont reçu depuis quelques années des perfectionnements très-importants, dus principalement à M. L. D. Girard. Le rendement d'une turbine, établie comme celle que nous avons décrite plus haut, et plus généralement établie comme on le faisait il y a vingt ans, souffre beaucoup de l'irrégularité du cours d'eau, soit comme quantité, soit comme hauteur de l'eau dans l'un ou l'autre des deux biefs; la variation de vitesse de la roue exerce une influence sur le rendement, et surtout sur le volume d'eau qu'elle peut dépenser. La disposition du pivot constamment dans l'eau est aussi très-vicieuse; le graissage est très-difficile, sinon impossible, et toute visite ou réparation exige un démontage complet. A tous ces points de vue, les turbines ont reçu, comme nous l'avons dit, de grands perfectionnements, et, bien que nous ne puissions ici les indiquer, il n'est pas inutile de dire que la description des turbines figurées plus haut suffit à faire connaître le principe de l'établissement des turbines, mais non les progrès réalisés dans ces dernières années.

En résumé, les turbines peuvent être classées parmi les meilleurs moteurs hydrauliques, et elles ont, de plus, l'avantage d'occuper peu de place, et de pouvoir être établies sans difficultés dans tel endroit d'une usine qu'on veut.

233. Emploi de l'air comme moteur. — L'air, étant un corps pesant, doit devenir, comme tout autre corps, capable d'effectuer un travail moteur quand il est en mouvement. Un courant d'air est donc une source de travail au même titre qu'un courant d'eau. C'est la force vive de l'air en mouvement qui est utilisée sur les navires à voiles pour obtenir le déplacement du navire lui-même ; c'est cette même force vive qui fournit le travail mis en œuvre dans nos moulins à vent*. Laissant de côté ce qui se rapporte à la navigation, nous dirons quelques mots de l'emploi du vent.

Les endroits où ce moteur se présente avec le plus d'avantage sont les plaines et les points culminants d'une contrée. Il n'est guère employé qu'à défaut d'autre, et presque jamais pour une fabrication industrielle, car le travail produit par le vent est aussi irrégulier que le vent lui-même. Il ne convient donc qu'à certaines opérations dont le travail peut augmenter ou diminuer, ou même s'interrompre sans inconvénient, comme celles des moulins à farine, à huile, à tan, comme celles des scieries, des irrigations ou desséchements.

254. L'organe qu'on emploie à recevoir l'action directe du vent et à recueillir le travail effectué par l'air en mouvement est celui que nous voyons fonctionner dans les moulins à vent, et qui forme ce qu'on appelle les *ailes* du moulin. Tout le monde a remarqué ces grands bras présentant au vent la surface des toiles qui les recouvrent. L'ensemble de ces ailes forme une sorte de grande roue qu'on oppose aussi directement que possible au côté d'où vient le vent ; mais la surface de chaque aile est oblique à cette direction. En sorte que les ailes sont mises en mouvement par l'impulsion du vent, absolument comme les aubes des turbines, dont nous parlions plus haut, sont mises en mouvement par l'impulsion de l'eau qui les rencontre obliquement. Ces ailes sont portées par un axe BA, incliné de 10 à 15° à l'horizon, dans la direction du vent, qui est toujours en effet un peu plongeante vers la terre. Cet arbre, qui a $0^m,50$ ou $0^m,60$ d'équarrissage, porte, fixées en croix sur sa

---

* On ne sait pas au juste à quelle époque on a imaginé d'employer le vent comme moteur ; il est probable néanmoins que cette invention nous vient de l'Orient ; c'est vers l'époque des croisades que se trouve mentionnée pour la première fois avec certitude l'existence dans notre pays de moulins à vent.

tête, deux pièces d'environ 24 mètres de long, et $0^m,50$ d'équarrissage, formant quatre bras ou *volants*, comme les appellent les

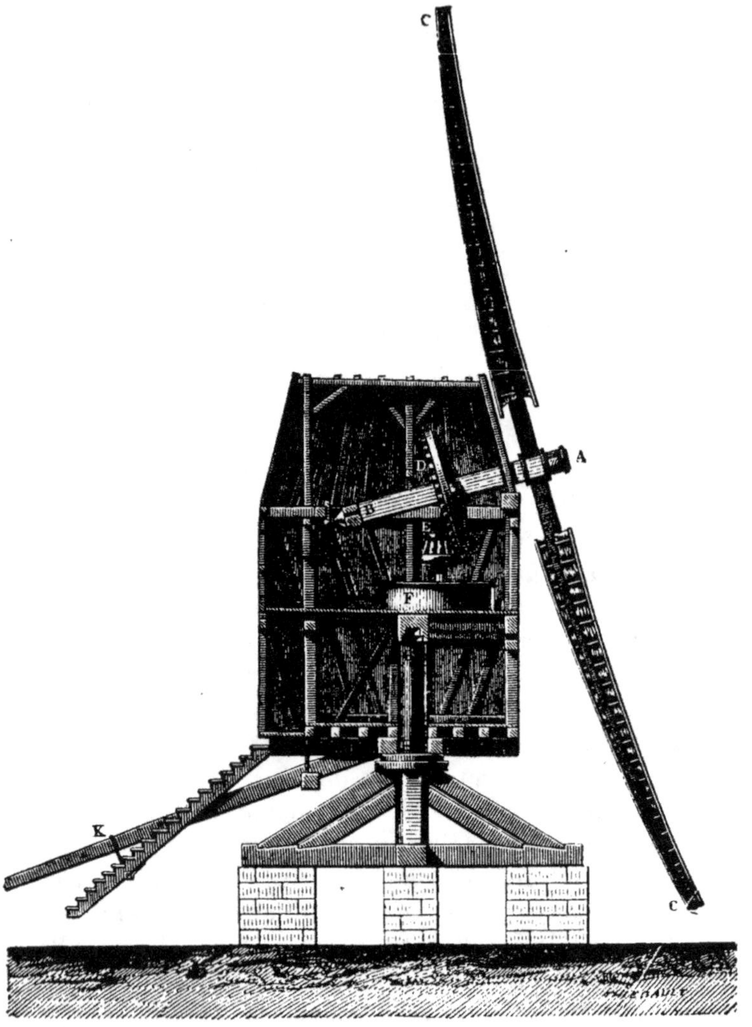

Fig. 199.

gens du métier dans le nord de la France. Ces bras reçoivent ensuite, à partir de 2 mètres de l'axe, des barres transversales ou *lattes* d'environ 2 mètres de long, lesquelles supportent les toiles destinées à recevoir l'action du vent. Ces barres sont, avons-nous dit, placées obliquement à la direction du vent; mais cette obliquité n'est pas la même sur toute la longueur; elle diminue à mesure qu'on s'éloigne de l'axe, l'angle de la voile avec la direction du vent variant depuis 60° pour la première latte, jusqu'à 80°, et même plus, pour la dernière *; à l'extrémité de l'aile, la voile est presque perpendiculaire à la direction du vent. Les bouts des lattes de part et d'autre du bras sont maintenus par deux pièces

* Voici comment on peut se rendre compte de cette règle indiquée par une longue pratique aux constructeurs. L'action de l'air sur une voile tendue et immobile dépend de la vitesse de cet air et de sa direction par rapport à la voile. Mais il faut encore ici tenir compte de ce que la voile se déplace transversale-

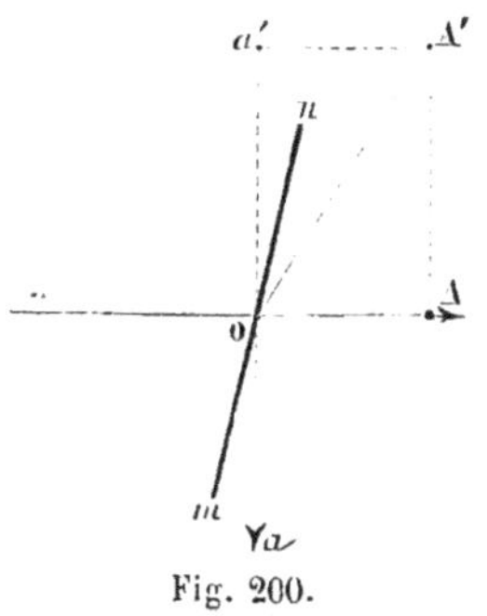

Fig. 200.

ment; car l'aile tourne : soit OA la vitesse de l'air et Oa celle de la voile mn. Un déplacement commun ne change rien à la situation relative de plusieurs objets ni par conséquent aux actions qu'ils peuvent exercer les uns sur les autres : imaginons donc qu'on imprime tout à la fois à l'air et à la voile un mouvement commun dont la vitesse soit égale et opposée à Oa; par là on réduira la voile à l'immobilité; mais l'air au lieu d'avoir la vitesse OA aura la vitesse OA', résultante de OA et Oa' (15). L'action de l'air ayant la vitesse OA sur la voile ayant la vitesse Oa sera donc absolument la même que l'action sur la voile immobile de l'air ayant une vitesse OA' : *La vitesse transversale de l'aile produit donc le même effet qu'une augmentation de son obliquité* : car mn est beaucoup plus oblique sur OA' qu'il ne l'était sur OA. Et cette augmentation d'obliquité sera d'autant plus grande que la vitesse Oa sera elle-même plus grande. En supposant OA de 7 mètres (c'est le vent le plus favorable), auquel cas les ailes font environ 1/6 tour par seconde, on voit que pour l'extrémité de l'aile, à 10 mètres de l'axe, Oa sera le sixième de 2·.10 ou environ 10 mètres : AA' aura 10 mètres et l'angle A'OA aura donc pour tangente trigonométrique 10,7 ; il vaudra environ 55°. Cette augmentation de l'obliquité ne serait guère que de 33° à 4 mètres de l'axe, -où AA' serait seulement le sixième de 2π.4 ou 4 mètres. On voit donc pourquoi on fait l'obliquité de 20° environ plus faible au bout de l'aile que près de l'axe; c'est que là, la vitesse étant plus grande, l'augmentation équivalente de cette obliquité est d'une vingtaine de degrés plus grande. De cette manière, l'action du vent est sensiblement la même sur toute la longueur de la voile ; tandis que si les dernières lattes recevaient le vent à 60° comme les premières, cette inclinaison diminuée de 55° deviendrait presque nulle, c'est-à-dire que là les choses se passeraient comme si l'aile présentait au vent sa tranche ; il n'y aurait presque point d'action. On voit de quelle importance est cette variation de l'inclinaison de la voile, que pendant longtemps les charpentiers en moulins se transmettaient comme le secret de leur art.

de bois, et leur ensemble forme une sorte de carcasse qui reçoit une toile. On voit sur la figure comment se transmet le mouvement de rotation donné par les ailes à l'axe AB, dans les moulins à farine. Sur cet axe est calée une grande roue D en bois, portant de côté une denture au moyen de laquelle elle agit sur une roue à lanterne E, montée sur l'axe de la meule F. Dans les moulins à huile, ces deux roues n'existent pas ; l'axe AB porte des taquets ou cames (qui lui font donner le nom de *hérisson*), lesquels soulèvent les pilons destinés à broyer les graines et les deux autres plus petits, qui servent à serrer et à desserrer la presse à coins (93).

Lorsqu'on emploie le travail fourni par le vent à des épuisements au moyen de vis d'Archimède (191), le *joint universel* ou *joint hollandais* (169), qui transmet le mouvement de rotation, est placé à l'extrémité de l'arbre AB. Ç'a été longtemps, comme nous l'avons dit, une des importantes applications de ce genre de moteur.

Le moulin tout entier est porté sur un grand pivot vertical GH, soutenu par une charpente, et un levier oblique K permet, en agissant à son extrémité, de faire tourner tout le système, afin de placer toujours l'axe AB dans la direction du vent, et le plan des bras perpendiculairement à cette direction.

Dans les circonstances les plus favorables, c'est-à-dire avec un vent modéré, dont la vitesse est à peu près 7 mètres par seconde, et une charge permettant aux ailes de faire une dizaine de tours par minute, la puissance du moteur équivaut à 6 ou 7 chevaux-vapeur.

235. Pour arrêter le mouvement, le conducteur dispose d'un *frein*, composé d'un lien ou long morceau de bois flexible, qui entoure presque toute la circonférence de la roue D (ou d'un large disque plein qui la remplace dans les moulins à huile, où elle n'existe pas) ; une de ses extrémités est fixée à une petite distance de la roue, l'autre tient à une pièce de bois faisant levier. Dans les circonstances ordinaires, ce levier est accroché ; le lien de bois n'est pas tendu et entoure la roue, sans la toucher. Quand on décroche le levier, il s'abaisse, et, par son poids, tend le frein, qui alors s'applique fortement sur la roue, exerce un frottement énergique sur tout son contour, et arrête le mouvement.

Comme nous l'avons dit plus haut, les ailes sont recouvertes, ou, comme on dit, *habillées* de toiles, qui seules donnent prise au vent. Lorsque le moulin doit cesser de marcher, ou bien lorsqu'un vent trop impétueux (ayant 12 à 13 mètres au moins de vitesse) produit un excès dangereux de travail moteur, il faut *déshabiller* les ailes complétement ou en partie. Pour cela, le meunier, au moyen du frein, arrête le mouvement au moment où l'extrémité de l'un des bras est près de terre; il peut alors détacher la toile, la rouler et l'attacher au bras, de manière à ce qu'elle ne présente plus prise au vent. En desserrant légèrement le frein, qu'il manœuvre de l'extérieur au moyen d'une corde, il laisse le mouvement recommencer, de manière à ce qu'une autre aile vienne se présenter; il la déshabille de la même façon, et continue jusqu'à ce qu'il ait replié toutes les toiles.

C'est là une manœuvre assez longue, et qui n'est même pas sans danger, lorsqu'il est nécessaire de replier les toiles ou du moins d'en diminuer l'étendue à cause de la violence du vent. On a proposé différents systèmes de construction propres à la faciliter, mais tous sont assez compliqués, et aucun ne s'est répandu jusqu'à présent. Au reste, comme nous l'avons déjà dit, l'emploi du vent perd tous les jours de son importance; ses principales applications se rencontraient dans les huileries du Nord et dans les grands desséchements des *polders* de Hollande et des *moëres* de la Flandre; les nombreux moulins à huile qui existaient jadis disparaissent d'année en année, et, même sur les desséchements, on préfère aujourd'hui les moteurs à vapeur, moins encombrants et fournissant un travail plus régulier et plus certain.

CHAPITRE IV

MOTEURS A VAPEUR. — CHEMINÉES ET FOURNEAUX.

236. Le véritable moteur industriel est maintenant la vapeur, et à plus forte raison en sera-t-il de même dans l'avenir encore pour bien longtemps ; nous devons donc en faire l'objet d'une étude un peu plus détaillée que nous n'avons fait pour ceux qui nous ont occupé précédemment.

Un moteur à vapeur comporte deux parties absolument distinctes, destinées l'une à la production de la vapeur, l'autre à la mise en œuvre de cette vapeur ; la première comprend la chaudière, le fourneau et tous les accessoires qui s'y rapportent, en un mot, tous les *appareils de production de vapeur ;* l'autre est la *machine à vapeur* proprement dite ; nous devons les considérer l'une après l'autre, et nous nous occuperons d'abord des appareils de production de vapeur.

237. Comme toutes les parties d'un appareil sont intimement liées de telle sorte qu'il soit impossible d'étudier spécialement l'une d'elles sans connaître au moins l'existence des autres, nous commencerons par décrire sommairement un appareil pour la production de vapeur ou, comme on dit, un *générateur à vapeur*, sous sa forme la plus répandue. Nous décrirons le *générateur à bouilleurs*.

Un générateur se compose naturellement d'un vase ou *chaudière* contenant l'eau dont l'ébullition fournira la vapeur, et d'un fourneau où brûle le combustible qui doit servir à échauffer cette eau. Dans la disposition que nous avons en vue, la chaudière se compose de trois vases distincts communiquant ensemble; le réservoir principal A se nomme le *corps* de la chaudière, et il com-

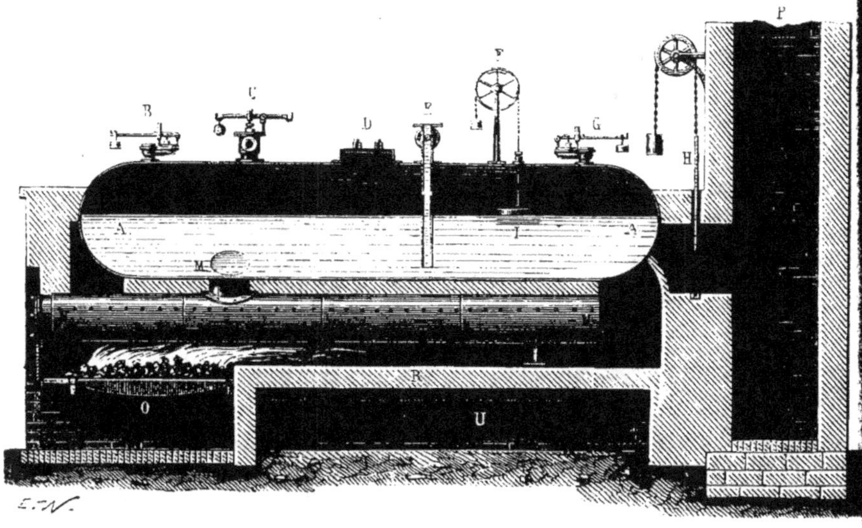

Fig. 201.

munique par des tubulures M, appelées aussi *évents* ou *culottes*, avec deux autres vases NN′, de même forme que lui, c'est-à-dire

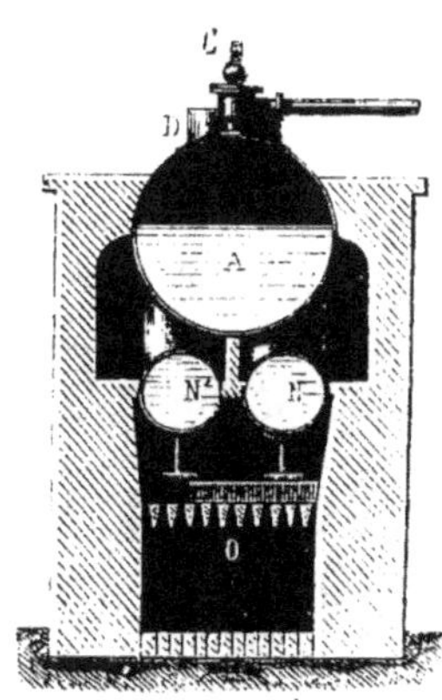

Fig. 202.

cylindriques, mais plus petits et situés plus bas; ce sont les *bouilleurs*. C'est à la partie supérieure du corps de chaudière que se rassemble la vapeur formée; laissons de côté, provisoirement, tous les appareils accessoires qui se trouvent sur le dessus de ce corps de chaudière. Au-dessous des bouilleurs se trouve la grille O qui reçoit le combustible et sur laquelle il brûle, l'air arrivant par le cendrier, seule partie du fourneau qui soit ouverte. Ce fourneau est divisé dans sa hauteur par une voûte en deux étages; puis l'étage supérieur est encore divisé dans sa longueur en deux galeries par un petit mur qui remplit l'intervalle entre le dessus de la voûte et le dessous du corps de chaudière. Ces deux galeries communiquent entre elles à la partie antérieure du fourneau ; de plus, l'une d'elles, ici, celle de gauche, communique au fond du fourneau avec l'étage inférieur, tandis que l'autre communique avec la cheminée P. De cette manière, l'étage inférieur et les deux galeries forment un conduit continu du foyer O à la cheminée P. Les trois portions sont désignées sous les noms de *premier, deuxième* et *troisième carneau*, le premier carneau étant l'étage inférieur. La flamme et les gaz chauds qui sortent du foyer parcourent d'abord le premier carneau en marchant vers le fond du fourneau et chauffant le dessous des bouilleurs ; dans le second, ils reviennent en avant d'un côté du corps de chaudière, pour aller enfin à la cheminée par le troisième carneau. C'est à cause de cela que ces carneaux sont quelquefois désignés sous le nom de *retours de flamme*. On nomme *autel* l'espèce de marche où se termine la grille, et qui est le seuil du premier carneau.

Comme on le voit par cette description sommaire, il y a dans un générateur deux parties ordinairement bien distinctes : l'appareil de combustion, comprenant le fourneau et la cheminée, et l'appareil qui doit recueillir la chaleur, c'est-à-dire la chaudière. Nous commencerons par indiquer les conditions dans lesquelles doivent fonctionner le fourneau et la cheminée.

CHEMINÉE ET FOURNEAU.

258. Rôle de la cheminée. — La cheminée disposée à l'extrémité des carneaux a un double rôle : elle sert à laisser échapper dans l'atmosphère la fumée et les résidus gazeux, mais elle sert aussi à faire entrer dans le fourneau de l'air nouveau pour entretenir la combustion. Quand les gaz arrivent dans la cheminée, ils sont encore chauds, et, par suite de leur état de dilatation, ils pèsent moins que l'air extérieur, à volume égal : aux températures

de   100°,   200°,   300°,   400°

un mètre cube de ces gaz chauds pèse seulement

            978,   771,   637,   542 grammes,

tandis que un mètre cube d'air à la température ordinaire pèse de 1,200 à 1,300 grammes. De là résulte que ces gaz chauds s'élèvent dans la cheminée, qui communique par ses deux extrémités avec l'atmosphère, absolument comme s'élèverait de l'huile qui remplirait un tube plongé dans l'eau. Mais, à moins qu'il ne se fasse un vide derrière eux, ces gaz chauds ne peuvent s'élever dans la cheminée sans provoquer l'entrée de l'air extérieur dans le fourneau : on voit donc que la sortie des gaz à travers la cheminée donne nécessairement lieu à un appel d'air dans le fourneau ; elle produit ce qu'on appelle le *tirage*.

Or, maintenant, de ce tirage seul et de son plus ou moins d'énergie, c'est-à-dire de la quantité d'air qui passe à travers le fourneau dans un temps donné, dépend la quantité de combustible qu'on peut y brûler ; car toutes les conditions favorables à la combustion se trouvent réunies dans un foyer industriel, et tout le charbon jeté sur la grille y brûlera, pourvu que l'air, c'est-à-dire l'oxygène, ne lui fasse pas défaut. C'est donc l'énergie du tirage qui détermine la capacité de combustion du fourneau, et par conséquent sa puissance en production de vapeur. Mais, comme nous allons voir, c'est la cheminée qui, par ses dimensions, règle le tirage ; on voit donc que le rôle de la cheminée est beaucoup plus important qu'il ne semblerait au premier abord ; c'est, en définitive, d'elle seule que dépend la puissance calorifique du foyer.

239. Hauteur de la cheminée. — La quantité d'air qui entre dans le fourneau est proportionnelle évidemment à la vitesse ascensionnelle des gaz dans la cheminée. Or, on peut se démontrer que, toutes choses égales d'ailleurs, cette vitesse augmente avec la hauteur de la cheminée, non pas comme cette hauteur elle-même, mais comme sa racine carrée * : il faut que la hauteur devienne quadruple pour que le tirage devienne double ; il fau-

---

* D'abord la poussée de l'air extérieur, qui produit le mouvement ascensionnel, est proportionnelle à la hauteur de la colonne d'air chaud, comme la poussée d'un liquide sur un bâton qui y serait enfoncé serait proportionnelle à la longueur immergée, d'après le principe d'Archimède. Cette force devenant double ou triple avec la hauteur, la vitesse qu'elle donnerait au bout de l'unité de temps à un même poids d'air augmenterait dans le même rapport (16). Mais si la hauteur devient double ou triple, la masse d'air que cette force doit mettre en mouvement augmente de même et ceci tend à rendre la vitesse deux ou trois fois moindre (18). Ainsi donc lorsque la hauteur augmente, l'augmentation de la poussée et celle du poids de la colonne d'air exercent sur la vitesse produite au bout de l'unité de temps deux actions qui se détruisent : cette vitesse de l'air chaud au

drait la rendre neuf fois plus grande pour que le tirage devînt triple, et ainsi de suite.

Et cette règle même n'est pas applicable à la réalité des faits, parce qu'elle ne tient pas compte des résistances de toute nature qui gênent et ralentissent le mouvement de l'air. Ces résistances ont pour effet de rendre l'accroissement de la vitesse avec la hauteur encore bien moins rapide qu'il ne devrait être d'après la règle précédente. En supposant une différence de température de 300° de l'intérieur à l'extérieur, ce qui est à peu près conforme à la pratique, on arrive à conclure que

pour des hauteurs égales à $\quad$ 5^m $\quad$ 10^m $\quad$ 20^m $\quad$ 50^m
les vitesses correspondantes sont $7^m,6$ $\quad$ $9^m,5$ $\quad$ $11^m,7$ $\quad$ $12^m,6$;

en sextuplant la hauteur, on augmente la vitesse d'un peu plus que la moitié de sa valeur. Ceci suffit à montrer que si on a besoin d'un fort tirage, ce n'est point par l'augmentation de la hauteur qu'il faut chercher à se le procurer. *Une hauteur de 15 à 18 mètres suffit pleinement*, sauf circonstances exceptionnelles.

Il faut cependant réserver les nécessités qui proviennent des convenances du voisinage. La fumée et les gaz doivent être rejetés à une hauteur suffisante pour être disséminés au loin par les vents; c'est pour cela que, dans les villes, des ordonnances de police fixent un minimum de hauteur, qui atteint ordinairement 25 et 30 mètres; c'est alors une nécessité qu'il faut subir, mais qui n'a rien de commun avec le bon fonctionnement du fourneau.

240. Section de la cheminée. — C'est dans l'élargissement de la section de la cheminée qu'il faut chercher le moyen d'obtenir un bon tirage. Toutes choses égales d'ailleurs, la quantité d'air débitée par la cheminée est proportionnelle à la section, et il est bien plus facile et moins coûteux d'augmenter la section que d'augmenter la hauteur. On adopte généralement la règle donnée par d'Arcet*: *Suivant que la cheminée a 10, 20, 30 mètres de haut,*

bout de l'unité de temps ne dépend donc pas de la hauteur ; elle dépend seulement de la différence de température entre l'intérieur et l'extérieur de la cheminée.

Ceci admis, en appelant G cette vitesse, on voit que la vitesse acquise par l'air quand il aura parcouru la hauteur h de la cheminée, ce qui sera la vitesse du courant d'air dans cette cheminée, sera $\sqrt{2Gh}$; elle sera par conséquent proportionnelle à la racine carrée de h, puisque G n'en dépend pas.

* D'Arcet (Pierre-Joseph). membre de l'Institut. commissaire général des monnaies, né en 1777, mort en 1844, a fait une foule de travaux très-importants

la section doit avoir autant de décimètres carrés qu'on doit brûler de fois par heure 3^k,5, 4^k,5, 6^k de houille. Ainsi, par exemple, si une cheminée de 30 mètres doit servir pour un foyer où on compte brûler 150 kilogrammes de houille par heure, il faudra lui donner 150 : 6 ou 25 décimètres carrés de section, par conséquent 0^m,55 environ de diamètre.

Lorsque la cheminée est conique, c'est à sa plus petite section que cette règle doit être appliquée.

Cette règle donne des sections un peu grandes pour les hautes cheminées, mais il n'y a jamais d'inconvénient ; il est toujours facile de restreindre le tirage au moyen de la valve mobile ou *registre* placée à l'issue des carneaux (en H dans la figure 201). Avec une pareille section, la cheminée débitera une quantité d'air à peu près double de celle qui est nécessaire à la combustion ; et si les besoins de vapeur augmentent, on ne sera pas exposé à voir le fourneau se refuser à la fournir. En même temps, si le feu n'est pas très-mal conduit, on n'aura que fort peu de fumée, comme nous le dirons plus loin.

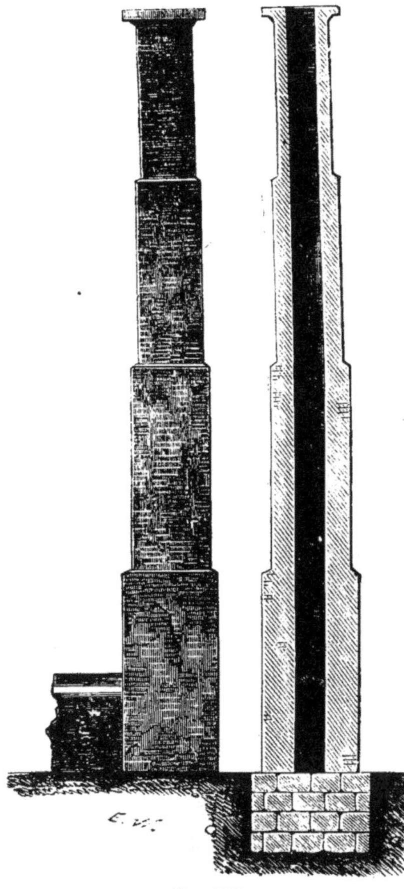

Fig. 203.

sur la physique et la chimie appliquées à l'industrie ; on lui doit des perfectionnements considérables dans la fabrication de la soude artificielle, de l'alun, des savons, etc., des recherches sur la gélatine, etc.

Son père d'Arcet (Jean), né en 1725, mort en 1801, membre de l'Académie des sciences, directeur de la manufacture de Sèvres, fut aussi un chimiste très-distingué. Il a fait des travaux très-importants sur la fabrication de la porcelaine.

La forme d'une cheminée n'a aucune influence ; on les fait ordinairement rondes ; mais lorsqu'elles n'ont qu'une petite hauteur, 15 à 18 mètres, il est plus économique, et par conséquent préférable, de les faire carrées, avec une section uniforme à l'intérieur du bas en haut, en opérant la retraite des briques au dehors, comme le montre la figure 203.

Pour les hautes cheminées, il faut donner de la pente aux matériaux, $0^m,025$ environ par mètre. La cheminée est alors conique ou pyramidale à l'extérieur (fig. 204), et la retraite des briques a lieu à l'intérieur. Une porte, ménagée à la partie inférieure et fermée par un briquetage mince qu'on démolit au besoin, permet d'avoir accès dans la cheminée pour les réparations ou le nettoyage.

241. Carneaux. — On désigne sous le nom de carneaux les conduits de fumée depuis le foyer jusqu'à la cheminée, soit à l'intérieur du fourneau, soit à l'extérieur, lorsque cette cheminée, comme il arrive souvent, est éloignée du fourneau. On donne habituellement aux carneaux une section égale à celle de la cheminée. Il est essentiel qu'ils soient maçonnés avec soin, et qu'on évite dans leur construction tout étranglement ou changement brusque de direction, qui aurait pour résultat un amoindrissement du tirage.

242. Foyer et grille. — La portion d'un fourneau où se produit la combustion se nomme le *foyer*. Le combustible est placé sur une grille au-dessous de laquelle se

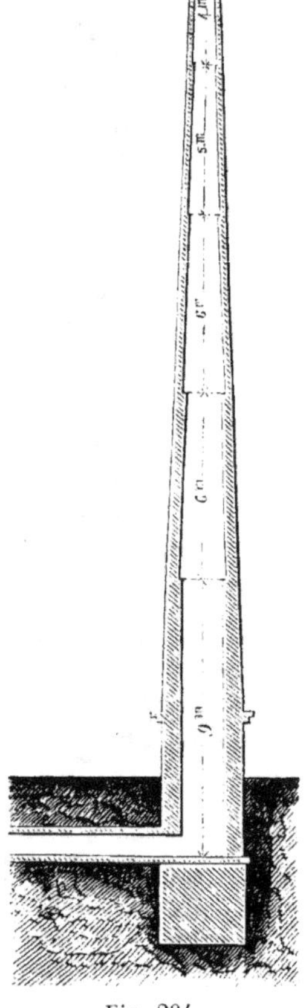

Fig. 204.

trouve le *cendrier*, par où arrive l'air sous l'influence du tirage. Cette grille est formée de barreaux ordinairement en fonte, ayant la forme représentée par les deux figures 205 et 206 ; ils ont plus de hauteur au milieu qu'aux extrémités, pour mieux résister à la flexion, et sont amincis par-dessous pour faciliter l'entrée de l'air ;

des talons saillants aux extrémités, et souvent aussi au milieu, maintiennent leur écartement; ils reposent simplement sur deux barres transversales. La grille est ordinairement un peu inclinée vers l'arrière.

 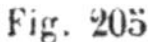

Fig. 205.

Fig. 206.

A l'avant du fourneau, le foyer est fermé par de larges portes en fonte, dont l'ouverture permet au chauffeur de charger le charbon sur la grille; ces portes, dans les installations soignées, sont souvent montées sur des plaques de même métal, main-

Fig. 207.

tenues dans la maçonnerie par des boulons, et qui servent en même temps de support aux têtes des bouilleurs. Au-dessus de ces têtes de bouilleurs on ménage, dans le massif du fourneau, deux ouvertures fermées par un briquetage, et qui permettent de pénétrer pour les réparations dans les retours de flamme autour du corps de chaudière. Il est très-bon que le cendrier puisse être fermé, et bien fermé, pendant la nuit; on évite ainsi, beaucoup mieux qu'en abaissant le registre, une circulation d'air inutile, qui refroidit le fourneau et fait perdre de la chaleur.

243. Grandeur de la grille. — La grandeur de la grille est un élément d'une grande importance; son rôle est de déterminer le mode de combustion dans le fourneau, de même que celui de la cheminée est de déterminer la puissance de combustion de ce fourneau, c'est-à-dire la quantité de combustible qu'il peut consommer par heure. Le tirage étant réglé par les dimensions de la cheminée, le volume d'air qui traverse la grille en un temps donné se trouve ainsi fixé, et dès lors la rapidité du courant d'air dépend uniquement de la largeur du passage libre qui lui est offert; si ce passage est large, l'air y circulera lentement, tandis que s'il est resserré, l'air s'y engouffrera avec violence. Or, pour peu qu'on songe aux effets produits par l'action d'un soufflet dans nos foyers d'appartement, on comprendra sans peine qu'avec la rapidité du courant d'air croîtra l'activité de la combustion. Ainsi, l'allure du feu dans le foyer dépend de la grandeur totale des intervalles libres que laisse la grille; et, comme les vides d'une grille forment une surface libre qui varie du tiers au quart de la surface totale, on peut dire que l'allure du feu dépend de la surface totale de la grille.

La pratique généralement adoptée en France maintenant, pour les fourneaux destinés à des chaudières ordinaires, est de calculer la surface de grille en vue de la consommation, de manière à brûler à peu près 75 kilogrammes de charbon par mètre carré et par heure; en appelant G la surface de grille estimée en mètres carrés, et P le poids en kilogrammes du charbon qu'on se propose de brûler par heure dans le fourneau, on aura $G = P : 75$.

Au reste, il faut remarquer que la largeur de la grille est forcément limitée à celle de la chaudière, et qu'on ne peut pas la faire par trop longue; une grille de 2 mètres de long rend déjà le service du chauffeur extrêmement pénible; c'est une longueur extrême, qu'il vaut même mieux ne pas atteindre. Si on était conduit à une surface trop grande, il vaudrait mieux fractionner l'appareil en établissant plusieurs chaudières avec autant de foyers.

244. Causes de la production de fumée. — D'après ce qu'on sait de la combustion d'une part, de la composition des houilles de l'autre, il est facile de se rendre compte de l'état d'un foyer où vient d'être chargé du combustible frais. On peut dire que la houille se compose de charbon fixe et de divers carbures d'hydrogène plus ou moins volatils, formant ce qu'on appelle le bitume : les houilles grasses sont celles où il y a le plus de bitume, son poids atteignant le quart, et quelquefois près du tiers du poids total, tandis que dans les houilles les plus maigres il n'en forme que le dixième, et même le vingtième. Quand la houille est projetée dans le foyer, le bitume se volatilise, et tout l'espace qui se trouve au-dessus de la grille contient alors des vapeurs combustibles ; il contient aussi de l'oxyde de carbone formé par la combustion du charbon frais, combustion restée incomplète parce que sa température n'est pas encore très-élevée. Pour que ces combustibles gazeux brûlent complétement, il faut, d'une part, que la température de cet espace où ils se trouvent répandus soit suffisamment haute, atteigne 500° ou 600°, et de l'autre, il faut qu'il y ait de l'air en quantité suffisante. La température étant toujours suffisamment élevée dans un fourneau, la seule condition pour une bonne et complète combustion est donc la présence d'une quantité suffisante d'air dans le foyer.

245. Sous l'influence de la chaleur, les carbures d'hydrogène commenceront par se décomposer ; leur hydrogène brûlera le premier, en raison de sa plus grande affinité pour l'oxygène ; l'oxyde de carbone brûlera ensuite, et en dernier lieu le charbon divisé provenant des carbures, s'il reste encore assez d'air pour lui ; sinon il sera entraîné jusqu'à la cheminée par le courant gazeux, et on aura de la *fumée*. Ainsi, le premier signe d'une combustion incomplète sera la production de la fumée noire, et il ne faut pas oublier qu'elle provient toujours des carbures d'hydrogène mal brûlés faute d'air au-dessus de la grille ; le charbon fixe de la houille n'y contribue en rien ; s'il brûle incomplétement, il donnera lieu à de l'oxyde de carbone, jamais à de la fumée.

Dans les premiers instants qui suivent la charge d'une certaine quantité de houille, la quantité de vapeurs combustibles à brûler est très-grande ; il est donc rare que l'air ne fasse défaut, et il se produit beaucoup de fumée, même dans les foyers qui en donnent peu ordinairement ; à mesure que les bitumes disparaissent, la fumée diminué de plus en plus, pour reparaître lors de la charge suivante. Cette fumée, gênante et malpropre, est en même temps coûteuse, puisqu'elle est le signe certain d'une déperdition de combustible, s'échappant par la cheminée sans avoir produit de chaleur. Pour n'en pas avoir et obtenir un foyer *fumivore* *, comme on dit, il n'y a qu'un moyen, c'est de fournir à la combustion des gaz une quantité d'air suffisamment grande : en facilitant d'une manière quelconque, soit à travers la grille, soit par des ouvertures spéciales, l'accès de l'air dans l'espace situé au-dessus de la grille, on obtiendra une meilleure combustion, et il n'y aura plus de fumée.

Au reste, la disparition, ou plutôt l'absence de fumée noire, est bien la preuve d'une combustion meilleure, mais non d'une combustion complète ; il pourra rester dans les gaz de l'oxyde de carbone, encore combustible, ou même de l'hydrogène sans qu'il y ait de fumée.

246. **Un foyer fumivore n'est point nécessairement économique.** — Seulement, il faut bien remarquer que cette meilleure combustion n'entraînera pas nécessairement une économie.

Il y a dans un foyer deux principales causes de perte de chaleur : d'une part, comme nous le disions, la combustion n'est jamais complète, et il y a là une perte en combustible ; d'autre part, les gaz s'échappant dans la cheminée emportent de la chaleur qui est perdue. Si, en vue d'une bonne combustion, on fait arriver dans le foyer une plus grande quantité d'air, la masse du courant gazeux se trouvant augmentée, on augmente la perte en chaleur emportée par lui ; il n'est donc possible de réduire la perte en combustible qu'en augmentant la perte par les gaz. Et si on restreint le tirage en vue de diminuer celle-ci, la combustion devient mauvaise, et il se produit beaucoup de fumée. Il y a donc là deux influences nuisibles contraires ; dès lors, il n'est nullement évident que la meilleure combustion fournisse la moindre perte de chaleur.

La perte en chaleur emportée par les gaz est d'ailleurs beaucoup

---

* Cette expression de foyer fumivore est aussi mauvaise que possible ; elle tend à faire croire qu'on peut faire d'abord de la fumée et la brûler ensuite pour s'en débarrasser. Rien n'est plus faux ; quand la fumée est produite la chose est sans remède ; un foyer fumivore est un foyer qui ne fait pas de fumée.

plus grande qu'on ne serait tenté de le supposer au premier abord. Dans les circonstances ordinaires, l'expérience a montré que l'air prend une température de 1,100° ou 1,200° dans le foyer ; si donc il conserve une température de 300° en arrivant à la cheminée, il emportera environ le quart de la chaleur produite. La perte par les gaz sera de 20 à 25 pour 100, c'est-à-dire au moins deux ou trois fois plus forte que celle qui provient de l'entraînement d'une portion de combustible dans la cheminée, car il suffit d'un poids très-minime de charbon pour rendre fort noire la fumée.

Ce serait donc étrangement se tromper au point de vue économique que de s'attacher avant tout à combattre la mauvaise combustion sans se préoccuper de la perte par les gaz qui a beaucoup plus d'importance. Un foyer fumivore n'est nullement pour cela économique, et c'est confondre deux choses absolument distinctes que d'associer toujours l'idée d'économie à celle de fumivorité. On n'obtient la fumivorité qu'à la condition d'augmenter la quantité d'air qui circule dans le fourneau ; donc, à moins qu'on n'utilise la chaleur emportée par ces gaz en développant considérablement la surface de chauffe, de manière à ne les laisser arriver à la cheminée que relativement froids, on aura augmenté la perte de chaleur au lieu de la diminuer. C'est là la cause principale pour laquelle ont tous été abandonnés les innombrables procédés de fumivorité proposés depuis longtemps.

247. Appareils fumivores. — Nous pouvons faire l'application de ce qui précède à quelques-uns des nombreux procédés fumivores qui ont été inventés.

Presque tous tirent leur efficacité de ce que, soit à dessein, soit autrement, l'air arrive en abondance dans le foyer ; mais c'est aussi pour la même raison qu'ils n'ont jamais procuré d'économie, malgré toutes les promesses de leurs inventeurs.

Fumivores à accès d'air. — Lorsqu'on a fait la grille du foyer trop petite, ou qu'on la charge d'une trop grande épaisseur pour que l'air appelé par la cheminée puisse passer en quantité suffisante, le procédé le plus direct et le plus simple pour obtenir la fumivorité est de pratiquer des ouvertures par lesquelles cet air puisse pénétrer sans obstacle dans le foyer. Et comme cette insuffisance de l'air n'est bien sensible que pendant les premières minutes qui suivent la charge du combustible frais, ces ouvertures seront munies de registres, c'est-à-dire de portes que le chauffeur devra fermer en temps convenable pour les ouvrir de nouveau lors de la charge suivante. Tel est le jeu des appareils fumivores les plus simples et les plus rationnels ; ce sont en même temps les plus anciens, et cette disposition a reçu un très-grand nombre de formes diverses.

D'Arcet en France (1814) et Parkes en Angleterre (1820) avaient proposé de pratiquer dans l'autel une fente étroite horizontale formant une communication directe avec le cendrier : le jet d'air venant à l'encontre de la flamme donne lieu à la combustion des gaz, et le chauffeur peut le modérer au moyen d'une plaque formant soupape.

Fig. 208.

M. Lefroy (1835) et M. Combes (1847), au lieu de pratiquer une ouverture dans l'autel, en pratiquaient plusieurs sur les côtés du foyer; M. Wye William et d'autres auteurs faisaient arriver l'air par un grand nombre de trous pratiqués dans le plancher du premier carneau. Enfin M. Palazot a reproduit la disposition imaginée pár d'Arcet, en y ajoutant une voûte A en briques réfractaires qui, sur une longueur de 50 centimètres environ, recouvre le débouché B de la prise d'air dans le premier carneau; on obtient ainsi une combustion des gaz plus complète, à cause de la haute température qui règne à l'endroit où se fait l'injection d'air.

Fig. 209.

Il est évident que toutes ces dispositions sont l'application directe des principes exposés précédemment. Néanmoins, aucune n'a été adoptée par la pratique, bien que pouvant rendre des services dans certains cas spéciaux. C'est que d'abord, et dans aucun cas, il n'y faut chercher une économie ; nous avons dit pourquoi ; souvent même le résultat sera tout contraire. De plus, le succès de leur application dépend essentiellement du tirage que possède le fourneau auquel on les applique. Si ce tirage n'est pas très-fort, au lieu d'améliorer la combustion, on la rendra tout à fait mauvaise en détournant une partie notable de l'air qui traversait la grille. Enfin, dans beaucoup de cas où l'appareil fonctionne bien comme fumivore, la flamme, dans le premier carneau, devient oxydante par excès d'oxygène, et elle exerce une influence destructive sur la chaudière : c'est là un inconvénient capital du procédé, auquel il est à peu près impossible de remédier avec certitude, et qui l'empêchera toujours d'être accepté par la pratique industrielle, sauf dans des cas très-rares.

Fumivores à doubles foyers. — Dans une autre catégorie très-nombreuse de fumivores, on fait passer les gaz émanant d'un foyer chargé de combustible frais sur un autre foyer qui n'est plus chargé que de coke incandescent. Cette idée a revêtu une multitude de formes : l'une des plus simples, et par conséquent des plus praticables est celle qui est ici figurée.

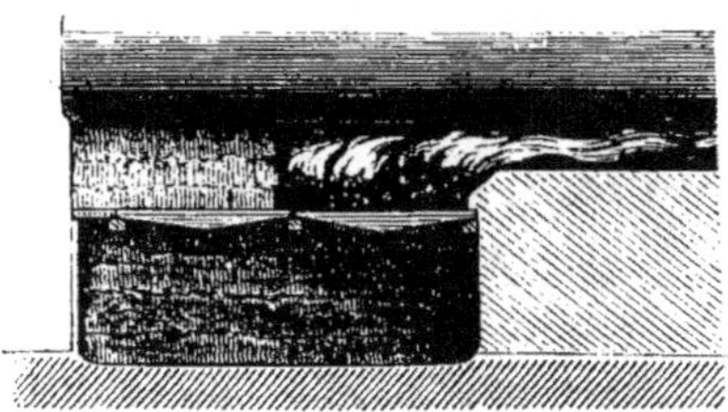

Fig. 210.

Une grille ordinaire est partagée sur la première moitié de sa longueur par une plaque de fonte verticale qui en fait deux foyers accolés ayant chacun sa porte, mais se réunissant au delà de la plaque. On les charge alternativement, et les vapeurs combustibles qui se produisent dans l'un au moment de la charge vont se brûler au moyen de l'excédant d'air qui traverse la partie commune de la grille et l'autre foyer alors chargé de coke.

En somme, les fumivores à foyers multiples sont simplement des foyers à introduction d'air ; la grille chargée de coke n'est efficace que parce qu'elle donne un facile passage à l'air. — **Aucun de ces foyers n'est employé.**

On peut leur assimiler les foyers munis de *grilles à gradins*, c'est-à-dire de grilles formées de barres plates en fonte placées transversalement en escalier; la figure 211 suffit à en faire comprendre la disposition. Une pareille grille est fumivore, parce qu'elle laisse toujours libre les accès d'air, quelque chargée qu'elle soit. La difficulté de gouverner le feu, et la possibilité pour le chauf-

Fig. 211.

feur d'obtenir avec du soin des résultats presque aussi bons d'une grille ordinaire, ont fait abandonner partout les grilles à gradins.

Foyers à alimentation continue. — Afin d'éviter la production surabondante de vapeurs combustibles qui a lieu à chaque fois qu'on vient de charger les grilles, on a eu l'idée fort raisonnable de fournir à chaque instant au feu la houille nécessaire d'une manière continue. Les divers appareils fondés sur ce principe, et dont le plus connu est la grille Taillefer, ont tous été abandonnés; ils sont coûteux, compliqués, sujets à dérangements, et ils rendent impossible de modérer ou d'activer le feu à volonté : nous ne nous y arrêterons pas.

248. Conclusion au sujet des appareils fumivores. — Comme on vient de le voir, aucune des dispositions spéciales proposées pour la suppression de la fumée n'a été admise dans la pratique. Ceci tient surtout à ce que la plupart des inventeurs ont cru pouvoir promettre des économies de combustible qu'il leur est impossible de réaliser en service courant ; en sorte que c'est presque partout à ce point de vue que leurs appareils ont été expérimentés. On ne devrait appeler appareils fumivores que les systèmes offrant un moyen artificiel d'obtenir une combustion sans fumée dans un foyer mal construit ; à ce compte, un bon nombre des appareils précédemment indiqués résolvent suffisamment la question, pourvu qu'on ne veuille pas exiger en même temps une économie. Quant à construire des fourneaux ne donnant pas assez de fumée pour qu'elle soit véritablement gênante, l'application des règles données pour la section de la cheminée et l'étendue de la grille y suffit pleinement, pourvu que le chauffeur gouverne bien son feu et dirige ses soins de ce côté.

Les résultats économiques fournis par le fourneau tiennent beaucoup plus à la bonne disposition et surtout à l'étendue des surfaces de chauffe, qu'à la disposition du foyer. Aussi pourrait-on dire que le meilleur appareil fumivore est une chaudière à grande surface qui permet de ne laisser aller les gaz à la cheminée qu'après avoir profité de presque toute leur chaleur. On peut ainsi tirer du fourneau un bon rendement économique, tout en y faisant circuler assez d'air pour n'avoir que très-peu de fumée.

249. De la conduite du feu. — Un bon chauffeur doit entretenir un feu vif et égal ; jamais la couche de combustible ne doit avoir plus de 10 à 12 centimètres d'épaisseur ; et elle doit être répartie bien également sur toute la surface de la grille sans laisser d'endroits dégarnis ; il en résulterait une augmentation inutile de la perte en chaleur emportée par les gaz.

Par la même raison, il faut éviter de charger souvent, pour ne pas laisser entrer trop d'air par les portes ouvertes ; il faut charger de dix en dix minutes environ seulement lorsque le feu est tout à fait blanc et étaler la charge uniformément.

Avec ces soins bien simples et des fourneaux construits d'après les règles que nous avons données, on aura environ 3 ou 4 minutes de fumée noire par heure, moins d'un quart d'heure de fumée légère ou blanche, et, le reste du temps, on ne verra absolument rien sortir de la cheminée. C'est ce qu'on a réalisé partout où on a voulu s'en donner la peine.

La fumivorité d'un foyer, de même que son rendement économique, dépendent avant tout du soin et de l'intelligence du chauffeur; d'un ouvrier à un autre, la quantité de vapeur produite pour un même poids de houille brûlée peut varier de 15 et 20 p. 100.

CHAPITRE V

MOTEURS A VAPEUR. — CHAUDIÈRES.

250. Puissance d'une chaudière. — Les dimensions essentielles d'une chaudière ou générateur à vapeur sont évidemment celles dont résulte sa puissance de vaporisation, c'est-à-dire le poids d'eau vaporisée en une heure. Or, cette quantité d'eau vaporisée dépend d'une part de la chaleur produite dans le fourneau, c'est-à-dire du poids de charbon brûlé, et de l'autre de l'étendue de la surface que présente la chaudière pour absorber cette chaleur. Pour une consommation donnée par heure, *c'est donc l'étendue de la surface de chauffe qui doit déterminer la puissance du générateur;* la disposition de cette surface et le mode de combustion dans le fourneau n'ont qu'une influence secondaire.

Aussi, dans la pratique de tous les constructeurs, c'est la surface de chauffe qu'on détermine en vue d'une puissance donnée; et réciproquement, c'est de l'étendue de la surface de chauffe d'une chaudière déjà construite qu'on conclut sa puissance.

Seulement, pour chaque système, c'est-à-dire pour chaque forme de chaudière, l'expérience et la pratique ont montré quelle est la proportion la plus convenable à établir entre la consommation et la surface de chauffe : et c'est en admettant ce rapport d'une part, et l'allure habituelle du foyer, de l'autre, qu'on déterminera les dimensions en vue de la puissance, ou qu'on jugera de la puissance d'après les dimensions.

251. Évaluation en chevaux-vapeur de la puissance d'une chaudière. — Dans le langage industriel, on a l'habitude d'indiquer la puissance d'un générateur au moyen d'une unité qu'on appelle *cheval-vapeur*; on dit un générateur de 25, de 40 chevaux. Il est évident que l'origine de cette dénomination se trouve dans l'évaluation de la puissance dynamique d'une machine supposée mise en mouvement par la vapeur produite. C'est là un élément d'appréciation très-vague, car la consommation de vapeur varie considérablement d'une machine à une autre pour une même production de travail : on peut dire que, dans la pratique des constructeurs, le *cheval-vapeur* considéré comme unité pour l'évaluation de la puissance d'un générateur, est *la capacité de produire une vingtaine de kilogrammes de vapeur par heure;* en sorte qu'un générateur annoncé pour 50 chevaux doit être capable de vaporiser environ 1,000 litres d'eau par heure, sans être surmené.

Quand on fait le projet d'une chaudière, on lui attribue une certaine surface de chauffe à raison de *tant* par cheval. Autrefois, on avait l'habitude de compter seulement 1 mètre carré de surface de chauffe par cheval, et un générateur de 50 chevaux était simplement un générateur présentant 50 mètres carrés de surface de chauffe. Aujourd'hui, on a reconnu que, pour avoir un bon rendement, il fallait rendre moins active la vaporisation, et on donne au moins $1^{mq},3$ ou $1^{mq},5$ de surface par cheval, ce qui revient à admettre une vaporisation de 16 ou 14 kilogrammes d'eau par heure et par mètre carré, au lieu de 20.

Bien entendu, cette production de vapeur, ainsi comptée par mètre carré est une production moyenne, car il est évident que les parties de la chaudière directement exposées à l'action de la flamme et au rayonnement du feu produiront à surfaces égales bien davantage que les autres. On peut évaluer à 80 ou 100 kilogrammes le poids d'eau vaporisée par mètre carré de surface près du foyer, tandis qu'il n'est guère que 5 ou 6 kilogrammes à l'extrémité des carneaux.

252. Proportions adoptées pour la chaudière à bouilleurs. — Pour la chaudière à bouilleurs, telle que nous l'avons décrite précédemment (237), l'expérience a montré que 1 mètre carré de surface de chauffe pouvait suffire à recueillir la chaleur développée par la combustion de 2 à 3 kilogrammes de charbon par heure, et la quantité de vapeur produite dans le même temps par cette surface sera de 15 à 20 kilogrammes. En sorte que, en désignant par S la surface de chauffe estimée en mètres carrés, et par P la consommation par heure en kilogrammes, on peut écrire $S = P : 2,5$, ou bien, si on désigne par G la surface de grille $S = 30G$, puisque $G = P : 75$, comme il a été dit plus haut (243).

Dans ces conditions, on obtiendra environ 6 à $6^k,5$ de vapeur par kilogramme de houille brûlée. En donnant à la chaudière de très-grandes dimensions, c'est-à-dire augmentant le rapport de S à G, et diminuant par là même la consommation par mètre carré de surface de chauffe, on pourra obtenir jusqu'à 7 et $7^k,5$ de vapeur par kilogramme de houille brûlée.

D'après ce que nous venons de dire, on peut compter que, dans une chaudière à bouilleur, la surface de chauffe sera comptée à raison de $1^{mq},2$ environ par cheval-vapeur. Une chaudière de 50 chevaux aura une surface de 60^{mq}; et une chaudière ayant 40^{mq} de surface de chauffe sera une chaudière de $40 : 1,2$ ou 30 chevaux environ.

253. Volume d'une chaudière; réservoir de vapeur. — Le volume d'une chaudière est loin d'avoir l'importance de sa surface de chauffe. Il se partage naturellement entre l'espace occupé par l'eau et celui qui est occupé par la vapeur, et qu'on appelle le réservoir de vapeur.

La quantité d'eau que renferme un générateur ne peut pas être trop grande; mais il y a intérêt à ce qu'elle ne soit pas trop petite, afin que l'introduction périodique de l'eau d'alimentation n'y fasse pas trop varier la température. On fait ordinairement le volume occupé par l'eau égal à 8 ou 9 fois celui de l'eau consommée par heure.

Il est beaucoup plus important de donner au réservoir de vapeur des dimensions aussi grandes que possible. La vapeur entraîne toujours avec elle des gouttelettes d'eau dont l'introduction dans la machine est à la fois inutile et nuisible; plus le réservoir de vapeur sera grand, et mieux la vapeur se séchera en se débarrassant de cette eau. On a reconnu qu'on pouvait se contenter de faire ce réservoir triple du volume de l'eau consommée par heure; mais il ne faut négliger aucun moyen de l'augmenter.

254. Matériaux et épaisseur des chaudières. — Les chaudières à vapeur se font toujours en tôle de fer; pour certaines parties, on commence à y employer des tôles d'acier; mais cet emploi est encore extrêmement restreint. Il en est de même des tôles de cuivre dont on a fait des chaudières dans certaines mines, parce que les eaux qu'on était obligé d'employer étaient tellement acides qu'elles corrodaient le fer. L'épaisseur des tôles est réglée seulement par la nécessité d'obtenir une solidité suffisante.

Cette épaisseur des chaudières était, il y a peu de temps encore, réglementée. Comme les formes cylindriques sont celles qui se prêtent le mieux à résister aux pressions intérieures, ce sont les seules qui soient d'un usage général ; et comme d'ailleurs, dans un cylindre fermé par les deux bouts, le calcul indique que les fonds résisteront plus facilement que les parois latérales, il suffit de donner à ces parois une résistance et par conséquent une épaisseur assez grande. Cette épaisseur des parois cylindriques était donc seule soumise à une règle officielle, qui pouvait se traduire ainsi : l'épaisseur d'une chaudière doit être $1^{mm},8$, multiplié par le diamètre (estimé en mètres) et par la plus forte pression effective (pression intérieure de la vapeur diminuée de la pression extérieure de l'atmosphère) estimée en atmosphères, le tout augmenté de 3 millimètres. Ainsi, pour une pression intérieure de 5,5 atmosphères et un diamètre $1^{m},1$, l'épaisseur serait $1^{mm},8.1,1.4,5$ ou $8^{mm},9$ augmentés de 3 millimètres, ce qui fait $11^{mm},9$.

Bien que l'usage de cette règle ne soit plus obligatoire, elle est encore suivie avec raison, dans presque tous les cas, par les constructeurs consciencieux et prudents. Elle repose sur des considérations théoriques incontestables * ; et ce qu'elle peut renfermer

* Ces considérations sont des plus simples. Rappelons d'abord qu'une pression de 1 atmosphère signifie une pression de 10335^{k} par mètre carré. Considérons un cylindre pressé seulement à l'intérieur par la vapeur qu'il contient : si la tension de la vapeur est n atmosphères, nous la réduirons à $(n-1)$ atmosphères de pression effective en négligeant alors la pression atmosphérique extérieure. Cherchons quelle épaisseur doit avoir ce cylindre en deux points opposés A et B, pour qu'il puisse résister à la pression de la vapeur, qui tend évidemment à séparer les deux moitiés de droite et de gauche.

En chaque point la pression de la vapeur s'exerce perpendiculairement, c'est-à-dire dans le sens du rayon ; et, suivant que cette direction est plus ou moins oblique par rapport au plan AB, elle exerce un effort plus ou moins direct pour

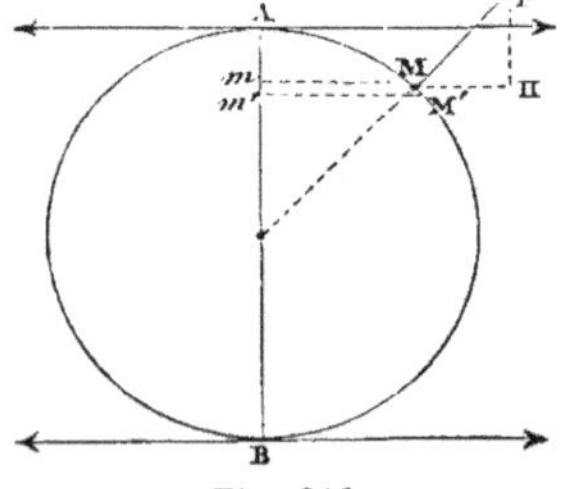

Fig. 212.

d'arbitraire revient simplement à admettre qu'on ne fera point supporter à la tôle un effort supérieur à la moitié de celui sous lequel elle pourrait se rompre : il est certain qu'il n'y a là rien de plus que ce qui est commandé par la prudence la plus vulgaire. Au moment où cette règle cesse d'être officielle, où l'acheteur

faire éclater le cylindre en A et B. Pour avoir l'effort total en ces points il faut estimer chaque pression dans le sens perpendiculaire et ajouter toutes les composantes de pression. Il suffit d'ailleurs de considérer les pressions sur la moitié de droite par exemple et de voir quelle tension en résulte en A et B : les pressions qui s'exercent sur la moitié de gauche n'y ajoutent rien. Si on imagine deux hommes d'égale force maintenant une corde tendue par leurs efforts réunis, la tension ne sera pas plus grande que si on remplaçait l'effort de l'un d'eux par la résistance d'un poteau fixe.

Pour une petite portion MM' de la surface (estimée en mètres carrés) la pression suivant le rayon serait $MM'.(n-1)10330^k$, et pour avoir la composante dans le sens perpendiculaire à AB, il faut diminuer cette pression dans le rapport de MH à MP. Or il est très-facile de voir que ce rapport est précisément le même que celui de mm' à MM', mm' étant la projection sur le plan AB de l'élément MM'. Il en résulte que la composante perpendiculaire fournie par l'élément MM' est $(n-1)10330^k$ multiplié par la surface de l'élément mm'. Il en sera de même pour tous les autres et l'effort total sera $(n-1)10330^k$ multiplié par la somme de tous les éléments tels que mm', c'est-à-dire la section totale du cylindre par le plan AB, ou ld, en appelant d le diamètre et l la longueur en mètres du cylindre.

D'autre part en désignant par e l'épaisseur de la tôle, $2el$ est la surface totale des deux sections en A et en B, et si on désigne par R le nombre de kilogrammes mesurant la tension par mètres carrés qu'on peut faire subir avec sécurité à cette section, on devra avoir l'égalité

$$2el\mathrm{R}^k = ld\,(n-1)\,10330^k$$

$$\text{ou} \quad e = \frac{d.(n-1)10330}{2\mathrm{R}}$$

Or la charge de rupture d'un fer de qualité médiocre est à peu près 5500000^k par mètre carré. Si donc on regarde la moitié de cette charge comme une limite extrême des tensions qu'on veut faire supporter à la tôle on trouvera e par la relation

$$e = \frac{10330}{5500000}\,(n-1)\,d \quad \text{ou} \quad e = 0^m,0018\,(n-1)\,d.$$

et si on exprime e en millimètres $e^{mm} = 1^{mm},8.(n-1)d$.

En ajoutant une épaisseur supplémentaire de 3 millimètres pour parer aux chocs, aux circonstances imprévues, à l'usure, on aura la formule des anciennes ordonnances.

Le coefficient 5500000 pourrait être doublé s'il s'agissait de tôle d'acier, et en réduisant de moitié l'épaisseur supplémentaire la formule deviendrait $e = 1^{mm},5 + 0^{mm},9.(n-1)d$.

d'une chaudière n'a plus d'autre garantie de sécurité que 'expérience du constructeur et une épreuve officielle d'une valeur souvent contestable, il est bon qu'il puisse lui-même contrôler jusqu'à un certain point les conditions de solidité de l'appareil. La concurrence et le désir d'abaisser les prix pourront parfois pousser quelques constructeurs à employer des tôles plus légères qu'il ne serait prudent : le calcul très-simple indiqué plus haut fournira pour chaque cas une valeur parfois susceptible de quelque diminution avec des matériaux de choix, mais dont on ne pourra jamais s'écarter beaucoup sans imprudence.

ACCESSOIRES D'UN GÉNÉRATEUR A VAPEUR.

255. Les appareils qu'on désigne ordinairement sous le nom d'accessoires d'un générateur, bien qu'ils en soient des parties absolument nécessaires, sont d'abord les *appareils d'alimentation*, chargés de remplacer dans la chaudière l'eau vaporisée, et ensuite les *appareils de sûreté*, comprenant les indicateurs du niveau d'eau et les soupapes de sûreté.

256. **Appareils d'alimentation**. — L'alimentation d'une chaudière exige une attention et une surveillance presque constantes pendant son fonctionnement; plus de la moitié des arrêts d'une machine sont causés par le dérangement des appareils d'alimentation de la chaudière; et de plus, comme nous le verrons un peu plus loin, une interruption inaperçue dans leur jeu peut amener des accidents graves.

C'est au moyen de pompes, ordinairement à pistons plongeurs (184), et mises en mouvement par la machine elle-même, qu'on refoule l'eau dans la chaudière. Il n'y a rien de particulier à en dire, si ce n'est qu'elles doivent être construites avec beaucoup de soin; elles doivent présenter à la fois une très-grande solidité, parce qu'elles éprouvent des secousses et des efforts violents, et une facilité de surveillance, de nettoyage et de réparation qui exige presque que chaque organe puisse être visité séparément.

Quelle que soit la cause d'un dérangement dans la pompe alimentaire, on s'en aperçoit à l'abaissement du niveau de l'eau dans la chaudière, et aussi à l'échauffement des tuyaux de circulation d'eau.

On a fait beaucoup de tentatives pour obtenir des appareils réglant mécaniquement l'alimentation en raison de la hauteur de l'eau dans la chaudière; aucune des dispositions proposées n'a été adoptée. Il est impossible qu'on puisse se fier entièrement, sans une imprudence coupable, à un appareil susceptible comme tout autre de se déranger; dès lors un alimentateur mécanique sera simplement un appareil de plus à surveiller. Le mieux est de laisser au chauffeur le soin d'ouvrir et de fermer le robinet de la pompe, et de lui laisser plein et entier le sentiment de sa responsabilité personnelle.

257. Appareils de sûreté; indicateurs du niveau. — Le manque d'eau dans la chaudière est, comme nous le verrons plus loin, une des causes les plus fréquentes d'explosions. C'est pourquoi les appareils indicateurs du niveau de l'eau sont rangés parmi les appareils de sûreté.

Les plus simples et à la fois les plus efficaces de ces indicateurs se composent d'un tube de verre ou de cristal, placé verticalement en dehors de la chaudière, près de ses parois, et en communication par ses deux extrémités avec l'intérieur; il est évident que l'eau s'élèvera dans ce tube à la même hauteur que dans la chaudière, et que le niveau sera ainsi rendu visible. Les choses sont disposées ordinairement comme l'indique la figure. Deux tubes horizontaux pénètrent dans la chaudière, l'un plus haut, l'autre plus bas que la ligne de niveau; ils sortent du fourneau et se recourbent verticalement à l'extérieur; le tube de cristal tt s'engage dans ces deux bouts recourbés, où il est mastiqué au moyen de deux boites à étoupes a et a'; deux robinets d et d' servent à interrompre au besoin la communication avec la chaudière. En enlevant les deux bouchons vissés b et b', on peut nettoyer les tubes de communication. Ordinairement on dispose sur le prolongement des tubes un autre robinet c; en l'ouvrant ainsi que d', on peut nettoyer le tube en y faisant passer un courant d'eau.

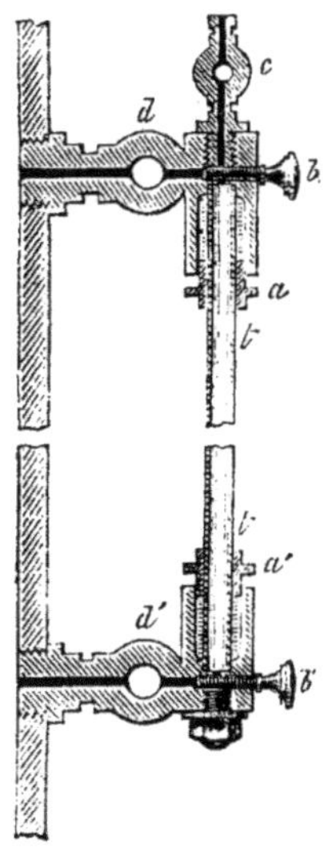

Fig. 213.

258. Les autres indicateurs du niveau sont des appareils à flotteur ; il est clair en effet qu'un corps flottant sur l'eau à l'intérieur de la chaudière peut transmettre des indications visibles au dehors. Comme le bois serait promptement altéré, on fait très-souvent les flotteurs en pierre ; en équilibrant presque complétement la pierre au moyen d'un contre-poids, on lui donne en quelque sorte une légèreté artificielle, et elle suit le mouvement du niveau de l'eau ; un fil de cuivre passe à travers une petite boîte à étoupe, et se rattache à une chaîne en-

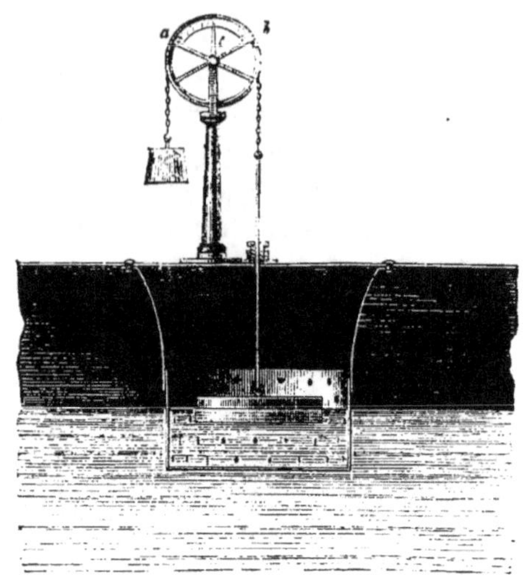

Fig. 214.

roulée sur une poulie, comme l'indique la figure, ou à l'extrémité d'un levier ; la position du levier ou une aiguille *e* fixée à l'axe de la poulie et se mouvant sur un cadran indiquent la position du niveau. On dispose quelquefois, comme le montre la figure, autour du flotteur, une sorte de claire-voie, afin de le rendre moins sensible aux soubresauts causés par l'ébullition.

Très-souvent, lorsque le niveau de l'eau s'abaisse au-dessous d'une certaine limite, le flotteur ouvre une petite soupape par où la vapeur s'échappe en sifflant ; c'est ce qu'on appelle un *flotteur d'alarme.*

On emploie maintenant beaucoup la disposition de flotteur imaginée par M. Lethuillier-Pinel, dite flotteur magnétique ; le flotteur F, qui est ici une lentille creuse en fonte ou en tôle, se termine par un aimant D placé à l'extrémité de la tige E : il a la forme d'un fer à cheval, mais ses 2 bouts s'infléchissent horizontalement, de manière à venir glisser quand le flotteur monte ou baisse près de la surface interne d'une grande boîte AB en communication avec la chaudière ; une petite aiguille aimantée, complétement libre, suit à l'extérieur les mouvements de l'aimant et indique comme lui la position du niveau, sans qu'il y ait aucune ouverture dans les parois de la chaudière. Pour faire de l'appareil un flotteur d'alarme, on a disposé une petite soupape *c*, maintenue ordinairement fermée par un ressort à boudin : quand le flotteur s'abaisse par trop, l'aimant vient accrocher une petite tringle *a*, qui ouvre la soupape; la vapeur s'échappe à travers le sifflet *e*, dont le bruit avertit le chauffeur. En pressant le bouton C, on peut faire siffler l'appareil pour s'assurer qu'il fonctionne bien.

259. Toute chaudière doit être munie de deux appareils indicateurs du niveau de l'eau, indépendants l'un de l'autre et placés en vue du chauffeur; l'un de ces appareils doit être un tube indicateur en verre. (Ordonnance du 25 janvier 1865.)

260. **Soupapes de sûreté.** — Comme nous l'avons indiqué plus haut, l'épaisseur et la solidité des parois d'une chaudière sont calculées en vue d'une certaine tension maxima de la

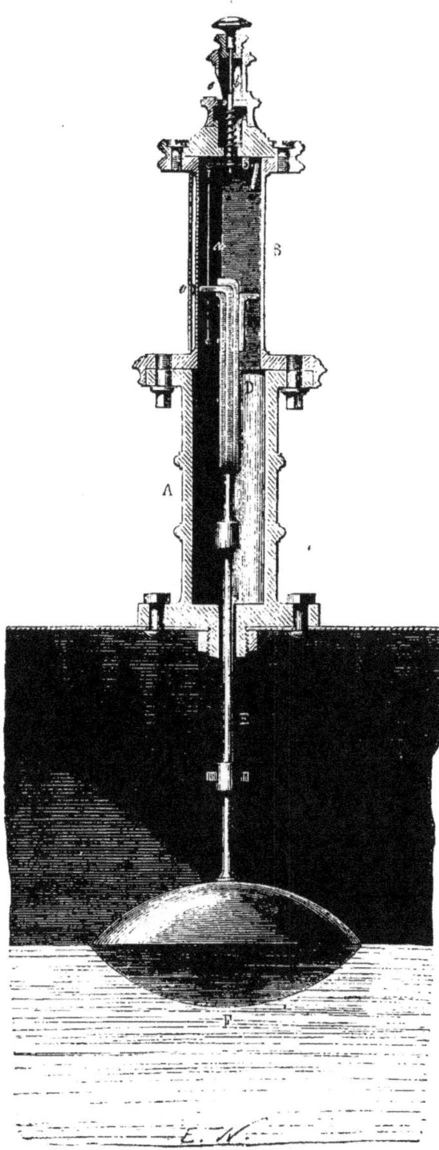

vapeur : avant qu'elle soit mise en service, certaines épreuves offi-
cielles, effectuées par les soins des ingénieurs des mines, con-
statent qu'en effet elle est en état de résister à cette pression, dont
la désignation est inscrite sur un timbre apposé d'une manière
apparente sur la chaudière. Il est donc nécessaire de prendre des
mesures pour éviter que la vapeur n'y puisse atteindre des tensions supérieures à cette limite : c'est à quoi sont destinées les
soupapes de sûreté.

Ce sont des soupapes fermant une ouverture pratiquée dans les
parois du réservoir de vapeur, et supportant une pression extérieure égale à la tension extrême que la vapeur ne doit pas dépasser : elle ne pourra dépasser cette limite sans soulever la soupape
et s'échapper dans l'atmosphère. Pour qu'une soupape de sûreté
soit efficace, il faut d'abord qu'elle se soulève à la pression voulue,
et ensuite qu'étant soulevée, elle soit assez grande pour donner
issue à toute la vapeur qui peut se former dans la chaudière.

Fig. 216.

La section qu'on donne à une soupape de sûreté dépend de la
pression de la vapeur à laquelle elle doit donner issue ; car, plus
cette pression sera élevée, plus grande sera la vitesse de cette
vapeur, moins large devra être la soupape. Elle dépend aussi de
la surface de chauffe de la chaudière, et elle doit lui être proportionnelle pour pouvoir toujours donner issue à toute la vapeur
formée : dans le calcul, on suppose que sur toute cette surface il
se forme 100 kilogrammes de vapeur par heure et par mètre
carré, ce qui est nécessairement fort exagéré. C'est ainsi qu'on
arrive à calculer la section de la soupape destinée à une chau-

dière par la formule $s = \dfrac{5,30 . S}{n - 0,4}$; s est la section de la soupape en centimètres carrés, S la surface de chauffe de la chaudière en mètres carrés, et n la tension en atmosphères que la vapeur ne doit pas dépasser.

Quant à la charge de la soupape, elle doit évidemment être $(n - 1)$ fois $1^k,033$ par chaque centimètre carré de section. Cette charge s'exerce au moyen d'un levier CB appuyant en D sur le sommet de la soupape A ; et naturellement le poids suspendu en B doit être égal à la charge diminuée dans le rapport de CD à CB.

Les soupapes de sûreté sont en bronze ; elles reposent sur leur siège par une partie plane ayant très-peu de largeur, 2 millimètres au plus ; et, afin qu'elles se soulèvent bien droit, elles portent ordinairement à leur partie inférieure une tige ayant trois ailettes qui glissent contre les parois du canal fermé par la soupape.

Fig. 217.

Fig. 218.

261. Chaque chaudière doit être munie de deux soupapes de sûreté, et chacune doit offrir une section suffisante pour maintenir à elle seule, quelle que soit l'activité du feu, la vapeur dans la chaudière à un degré de pression qui n'excède en aucun cas la limite pour laquelle le service de la chaudière a été autorisé.

Le constructeur est libre de répartir, s'il le préfère, la section totale d'écoulement nécessaire des deux soupapes réglementaires entre un plus grand nombre de soupapes. (Ordonnance du 25 janvier 1865.)

262. **Manomètres.** — Les instruments destinés à faire connaître la tension de la vapeur dans la chaudière portent le nom de *manomètres;* on peut les distinguer en trois catégories : les manomètres *à air libre,* les manomètres *à air comprimé,* et les manomètres *métalliques* ou *à ressort.* Toute chaudière doit être pourvue d'un manomètre, et pourvu qu'il soit en bon état, ce qu'il est toujours facile de constater en comparant ses indications à celles d'un manomètre étalon, aucun modèle n'est prescrit de préférence aux autres. (Ordonnance du 25 janvier 1865.)

263. Le principe sur lequel est fondée la construction du mano-

mètre à air libre est exactement celui du baromètre. Un vase en
fer b (fig. 218) contient du mercure et ne présente
d'autre issue qu'un tube vertical cc; l'espace libre qui
reste au-dessus du mercure peut être mis en communication avec l'intérieur de la chaudière par un tube
a, muni d'un robinet; la vapeur pressant sur le mercure le fera monter dans le tube. Si elle détermine
l'ascension d'une colonne ayant $0^m,76$ de hauteur, on
en conclura que la tension de la vapeur est 2 atmosphères; car il faut ajouter à la pression de cette
colonne la pression atmosphérique sur son sommet,
pour avoir la force à laquelle elle fait équilibre. Une
échelle graduée, placée près du tube, fera connaître
la tension de la vapeur. Comme avec des pressions
de 4 ou 5 atmosphères, ordinairement employées
maintenant, le sommet de la colonne est trop haut
placé pour être facilement observable, on y dépose
un petit flotteur en fer; un fil y est attaché, passe
sur une poulie et supporte un contre-poids facilement
visible, et dont les mouvements font connaître ceux
de la colonne de mercure.

264. Les manomètres à air comprimé présentent
une application pure et simple de la loi de Mariotte :
la vapeur presse, par l'intermédiaire d'une colonne
de mercure, sur l'air renfermé dans un tube, et la
diminution de volume qu'éprouve cet air fait connaître la pression qu'il supporte. Ils sont tout à fait
abandonnés, parce que le mercure finit par s'oxyder
au contact de l'air; il en résulte pour cet air une diminution de volume altérant complétement les indications du manomètre, et, de plus, un encrassement
du tube, qui devient opaque. Il aurait été facile de
remédier à cet inconvénient en substituant à l'air
un gaz tel que l'hydrogène ou l'acide carbonique,
sans action sur le mercure; néanmoins, ce genre
d'instrument a été abandonné.

265. Les manomètres métalliques ont reçu un grand nombre
de formes; ce sont maintenant presque les seuls employés, en rai-

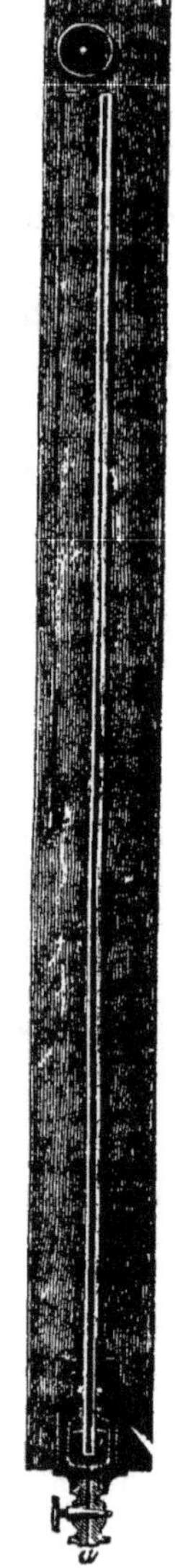

Fig. 219.

son de leur peu de volume, de la facilité de leur installation, et de la modicité de leur prix. Nous décrirons seulement le mano-mètre Bourdon, qui est à la fois le plus connu et le meilleur.

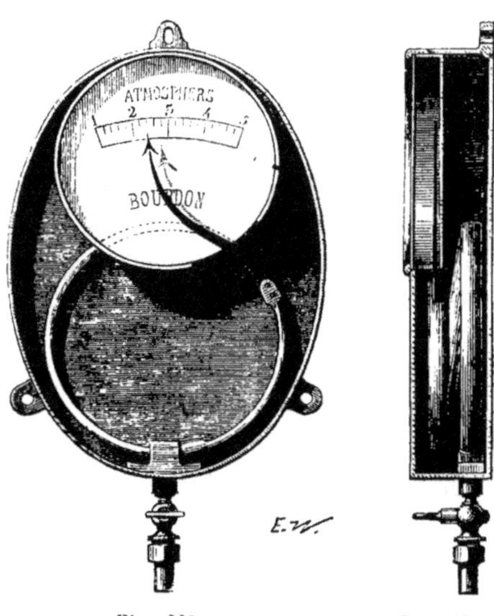

Fig. 220.   Fig. 221.

Lorsqu'un tube creux et courbe supporte une pression qui s'exerce à son intérieur, il tend à s'ouvrir d'autant plus que la pression est plus consi-dérable; c'est là le fait sur lequel est fondée la con-struction du manomètre Bourdon. Le tube n'est pas rond; sa section est une ellipse très-aplatie, comme le montre la fi-gure; une de ses extrémi-tés est fixe et reçoit la va-peur par le tube à robinet que l'on voit à la partie inférieure de l'instrument; l'autre extrémité du tube, qui, dans notre dessin, décrit une circonférence et un quart environ, porte une aiguille dont la position sur un cadran indique la pression.

Tous les manomètres métalliques s'altèrent par un long usage; on doit avoir soin de vérifier de temps à autre l'exactitude de leur graduation. Il faut que le chauffeur ait soin de ne jamais établir ou interrompre brusquement la communication avec la chau-dière : le manomètre en serait altéré.

266. Explosions des chaudières à vapeur. — Les malheurs causés par les explosions des générateurs ont trop souvent ému tous les esprits, pour que nous n'en indiquions pas ici les princi-pales causes. La vapeur est devenue, comme on l'a dit, une véri-table puissance industrielle; mais c'est une puissance qui a ses dangers, et dont on ne peut faire usage qu'avec certaines précau-tions; leur oubli ou leur ignorance peut entrainer les plus désas-treux accidents.

Les explosions peuvent être rapportées à différentes causes.

267. *Excès de pression.* — Il est évident que toute explosion a pour cause immédiate une tension de vapeur donnant lieu à un effort intérieur qui dépasse ce que l'épaisseur du métal ou sa forme lui permettent de supporter ; mais nous voulons parler ici seulement d'un excès de pression amené graduellement ; c'est ce qui peut arriver si les soupapes sont surchargées, ou même calées, comme cela s'est vu quelquefois, ou bien si elles ont contracté sur leur siége une adhérence qui produit le même effet qu'une surcharge. Les cas d'explosion par cette cause *seule* sont rares maintenant ; les chaudières sont aujourd'hui construites mieux et plus solidement qu'autrefois ; on emploie la vapeur à des tensions plus fortes, et les ouvriers connaissent généralement mieux les conséquences d'une faute dont ils ont toutes chances d'être les premières victimes. Dans presque toutes les observations où on voit une explosion amenée par excès de pression, il s'y joint d'autres raisons, comme la construction vicieuse ou le mauvais état des chaudières.

268. *Défauts de construction ou altération des chaudières.* — La cause de la plupart des accidents est le mauvais état de la chaudière. Il peut provenir d'un défaut dans la construction même, mais ceci est assez rare, en raison des progrès qu'a fait l'art de la construction ; il proviendra plus souvent de la mauvaise qualité de la tôle, ou d'un défaut inaperçu, ou d'un mode défectueux d'assemblage des différentes parties. Les essais officiels avant l'acceptation et le timbrage de la chaudière, peuvent ne pas mettre ces défauts en évidence ; la pression exercée à froid au moyen d'une presse hydraulique en remplissant d'eau la chaudière, ne dure souvent pas assez longtemps pour cela. De plus, les chaudières s'altèrent par l'usage ; de légères fuites produisent l'oxydation du métal, un feu trop violent altère les parties qui y sont directement exposées ; les dépôts qui se produisent toujours à l'intérieur contribuent à hâter ce fâcheux effet. On conçoit que, par ces causes diverses, la résistance diminue après un long usage, et que la chaudière devienne incapable de résister à une pression qu'elle aurait très-bien supportée d'abord. Pourtant, cela n'arrive jamais que lorsque la chaudière a été surmenée ou entretenue avec négligence, ou bien lorsqu'elle a subi, comme il arrive trop souvent, des réparations faites à la hâte et grossièrement, sans qu'on prenne le soin de renouveler les épreuves. Toutes les fois qu'on vide une chaudière elle doit être visitée avec soin.

Toutes les fois que la flamme d'un foyer et les gaz très-chauds agissent sur une paroi de chaudière en contact seulement à l'intérieur avec de la vapeur, il y a altération prompte du métal, et lorsqu'il rougit, il y a en même temps une diminution très-marquée de sa résistance pendant tout le temps qu'il est soumis à cette haute température. C'est pour cela que jamais les carneaux ne doivent atteindre la ligne de niveau d'eau.

269. *Défaut d'alimentation.* — C'est là la cause la plus fréquente des accidents. Lorsque l'eau vient à manquer par suite de la négligence du chauffeur ou du mauvais état des appareils d'alimentation, les parties mises à découvert peuvent rougir, et, comme nous venons de le dire, elles perdront alors de leur force, en même temps que la vapeur surchauffée, acquerra, au contraire, une tension plus élevée. Si alors on vient à alimenter, ou bien si l'ouverture d'une soupape produit une ébullition tumultueuse par une diminution brusque de pression, l'eau atteindra la surface portée à une haute température; il se produira subitement une quantité énorme de vapeur, que les soupapes ne pourront laisser échapper assez rapidement, et la chaudière éclatera.

Les dépôts ou incrustations produisent souvent un effet analogue, sans qu'il y ait faute d'eau. Quand il s'est formé une croûte assez épaisse pour rendre difficile la transmission de chaleur, les tôles rougissent; sous l'action du feu, la croûte se fendille et se détache, l'eau arrive en contact avec le métal, et une formation subite de vapeur a lieu.

Du moment qu'on s'aperçoit d'un manque d'eau assez marqué pour que la surface de chauffe soit découverte, il y a danger; il faut *se garder d'alimenter*, mais jeter vite le feu bas ou l'étouffer, puis fermer toutes les portes de la chaudière afin qu'elle se refroidisse lentement, sans brusque contraction; quand elle n'est plus que tiède, on peut alimenter.

270. En résumé, les précautions à prendre contre les accidents sont d'abord des soins constants pour l'entretien, et, au besoin, la réparation de la chaudière et de ses divers accessoires; jamais un manufacturier prudent ne se repose sur ses employés de cette surveillance ; c'est à lui à observer de temps en temps si les appareils fonctionnent bien, et si le service est fait régulièrement. Mais de toutes les précautions, la meilleure, la plus efficace, et malheureusement la plus négligée souvent, c'est de choisir un chauffeur sobre, actif, intelligent ; la direction et l'entretien des appareils à vapeur exigent plus de capacité intellectuelle que la plupart des professions ouvrières ; il faut que le chauffeur, qui est presque toujours en même temps mécanicien, non-seulement connaisse le fonctionnement des appareils qui lui sont confiés et soit familiarisé avec leur jeu, mais comprenne ce fonctionnement, de manière à comprendre aussi quelles sont les pratiques dangereuses et les soins utiles, de manière à avoir conscience surtout de l'importance de ses fonctions, et de la responsabilité honorable qui pèse sur lui.

DIVERS TYPES DE GÉNÉRATEURS A VAPEUR.

271. Les formes des générateurs sont extrêmement variées ; mais les plus répandues peuvent se rattacher à trois catégories principales : 1° les *chaudières à foyer extérieur*, dont le type est la chaudière à bouilleurs que nous avons décrite ; 2° les *chaudières à foyer intérieur*; 3° les *chaudières tubulaires*.

Sans pouvoir entrer ici dans de longs détails, nous indiquerons aussi brièvement que possible les qualités particulières de chacun de ces trois systèmes.

272. **Chaudières à foyer extérieur.** — Nous avons déjà dit que la chaudière à bouilleurs, appartenant à cette catégorie, était de beaucoup la plus répandue en France. Nous avons déjà même indiqué les proportions que la pratique et la discussion d'un grand nombre d'observations ont fait reconnaître comme les meilleures (252): nous n'y reviendrons pas.

Un avantage considérable de ce genre de chaudières, c'est que les bouilleurs, seuls soumis à l'action directe du feu, sont aussi seuls exposés aux détériorations qui en résultent : les réparations, se portant presque uniquement sur eux, seront faciles, et, ce qui vaut mieux encore, pourront n'entraîner que des chômages très-courts. Du reste, avec des soins judicieux d'entretien et des nettoyages assez fréquents pour empêcher la formation de dépôts trop abondants, des bouilleurs peuvent encore durer fort long-temps.

273. Emploi des bouilleurs réchauffeurs. — On a, depuis quelques années, réalisé un perfectionnement très-notable de la chaudière à foyer extérieur, en y ajoutant ce qu'on a appelé des bouilleurs ou tubes *réchauffeurs*. Lorsque les gaz ont circulé dans le fourneau, ils ont encore le plus souvent une température très-élevée, au moins 500°; il n'y a plus assez de différence de température entre eux et la chaudière pour qu'il y ait avantage à prolonger leur circulation autour d'elle. Mais on a eu l'idée de les mettre alors en présence de l'eau d'alimentation, qui, étant plus froide, sera par là même plus capable de profiter de leur chaleur, et arrivera déjà chaude dans la chaudière. En disposant à la suite l'un de l'autre plusieurs réchauffeurs, on est arrivé à ne laisser échapper les gaz qu'à une température de 150° environ, c'est-à-dire n'ayant plus guère que la température strictement nécessaire pour le tirage.

Les deux figures 222 et 223 représentent une disposition de ce genre, qui a été employée avec succès en France et en Belgique.

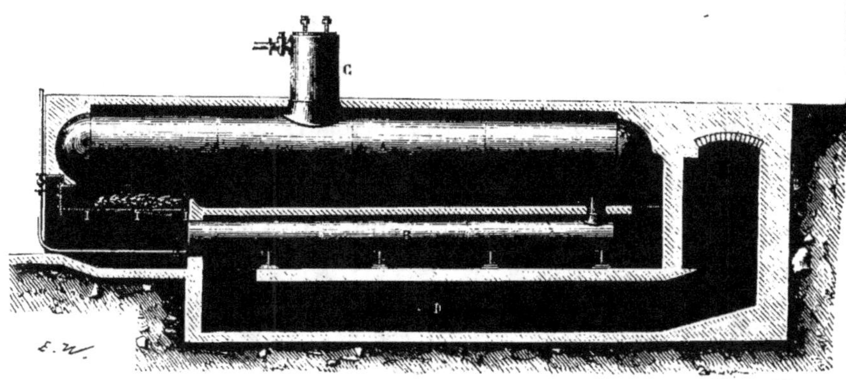

Fig. 222.

La chaudière principale est réduite à un corps cylindrique A, qui reçoit l'action directe de la flamme; arrivés à l'extrémité du premier carneau, les gaz descendent dans un étage inférieur, où ils échauffent, en revenant à l'avant du fourneau, deux bouilleurs B; puis ils retournent à la cheminée par un carneau souterrain D.

Les bouilleurs B reçoivent l'eau d'alimentation par un tube qui traverse le cendrier : le jeu des pompes y refoule cette eau, qui passe de là dans le corps A.

On pourrait simplifier cette disposition en établissant entre les bouilleurs B une cloison séparant l'étage inférieur en deux galeries, communiquant près du cendrier. Un seul des bouilleurs serait en communication directe avec A. Les gaz, à l'issue du premier carneau, échaufferaient d'abord ce bouilleur, puis l'autre en retournant à la cheminée, tandis que l'eau d'alimentation, suivant un chemin exactement inverse,

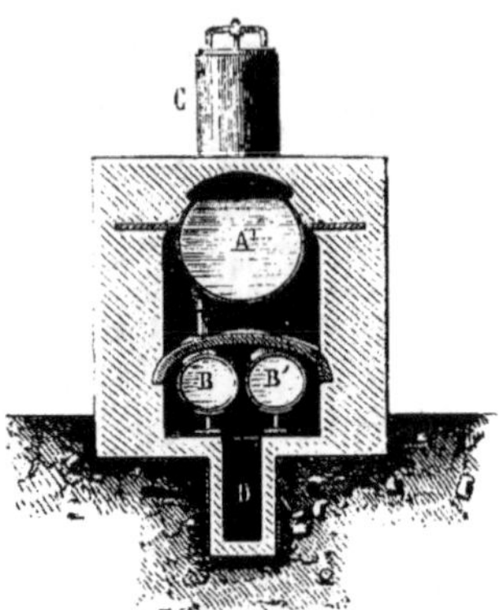

Fig. 223.

arriverait dans le second bouilleur près de la cheminée, puis serait refoulée dans le premier, et enfin dans le corps A.

Quelle que soit la disposition adoptée, le principe reste le même, et on trouve dans son application des avantages de deux sortes. D'abord, on obtient un excellent rendement économique ; on peut vaporiser 8, et même 8,5 kilogrammes d'eau par kilogramme de houille, tandis qu'avec les anciennes chaudières on arrive bien rarement à 7. En second lieu, les dépôts se produisent presque uniquement dans les réchauffeurs, au moment où l'eau, commençant à s'échauffer, perd l'acide carbonique qui rendait solubles les sels calcaires ; le corps de chaudière A, restant propre, est très-peu exposé aux coups de feu, et les bouilleurs, ne recevant pas l'action de la flamme, ne peuvent brûler. Enfin, par la raison qu'on profite presque sans pertes de la chaleur des gaz, on peut, sans désavantage, faire passer dans le foyer une quantité d'air suffisant à une bonne combustion et à la suppression de la fumée ; c'est là, probablement, la véritable solution du problème de la fumivorité.

274. Chaudières à foyer intérieur. — Les chaudières à foyer intérieur, d'un usage presque général en Angleterre, sont très-peu employées en France. Le type de ce genre de chaudières est celle que nous représentons ici (fig. 224) ; c'est la disposition généralement adoptée dans le Cornwall pour les machines employées aux épuisements des mines. Comme le montre la figure, la chaudière se compose d'un grand cylindre, traversé dans toute sa longueur par

Fig. 224.

un autre plus petit, qui contient le foyer. Les gaz, après avoir parcouru ce carneau intérieur, reviennent en avant par-dessous la chaudière, et retournent à la cheminée par deux carneaux latéraux, entre lesquels ils se partagent. Pour augmenter encore la surface de chauffe, on dispose dans le carneau intérieur un tube bouilleur, que des tubulures mettent en communication avec la partie inférieure et avec la partie supérieure de la chaudière.

Ces chaudières du Cornouailles ont d'énormes dimensions : elles ont une longueur de 10 à 12 mètres ; le cylindre extérieur a ordinairement plus de 2 mètres de diamètre, et le foyer $1^m,20$. La combustion y est très-lente : on brûle environ 40 kilogrammes de houille par mètre carré de grille et par heure, et la surface de chauffe est de plus de 2 mètres carrés par cheval-vapeur. Elles donnent de 8 à 8,5 kilogrammes de vapeur par kilogramme de houille brûlée, ce qui est, comme on voit, un excellent rendement.

275. Au premier abord, on est tenté de croire qu'il doit y avoir un très-grand avantage à placer ainsi le foyer au milieu même de la masse d'eau, et que par là on doit utiliser bien mieux que par toute autre disposition la chaleur produite : l'exemple que nous venons de citer fournit des résultats favorables à cette opinion. Cependant ce serait une grande erreur que de croire perdue la chaleur employée, dans un fourneau ordinaire, à échauffer les parois en briques des carneaux ; ces parois rayonneront vers la tôle de la chaudière, qui, sans cela, ne s'échaufferait que par contact, et lui transmettront toute la chaleur qu'elles auront absorbée. Dans un carneau intérieur, au contraire, chaque point de la paroi

s'échauffe seulement par contact, car le rayonnement ne peut plus produire qu'un échange inutile. Si donc la surface de chauffe y est plus étendue, chaque portion reçoit moins de chaleur, et la différence d'effet doit être bien faible. Aussi les résultats excellents fournis par les chaudières du Cornwall sont-ils dus bien plus à l'étendue de leur surface de chauffe qu'à la disposition de cette surface, et on en obtient d'aussi bons avec les chaudières à réchauffeurs.

Les chaudières à foyer intérieur ne peuvent être d'un emploi avantageux qu'à la condition d'y employer de très-grands diamètres, autrement les foyers sont trop petits, et la combustion s'y fait mal; ces grands diamètres entraînent l'emploi de très-fortes épaisseurs, qui rendront toujours ces chaudières lourdes et coûteuses.

276. Chaudières tubulaires. — Le type des chaudières tubulaires est la chaudière de locomotive, et nous commencerons par la décrire telle qu'elle est employée dans les chemins de fer.

On peut y distinguer (fig. 225) trois parties : le foyer M, le corps NN, et la cheminée. Le foyer est une caisse rectangulaire, terminée inférieurement par la grille, et qui n'offre d'autre ouverture extérieure qu'une porte *g* pour le chargement. Le foyer est contenu dans une enveloppe à peu près de même forme, et il est entouré d'eau : c'est donc un foyer intérieur. Les produits de la combustion passent du foyer à la cheminée en traversant une série de tubes horizontaux, disposés dans la longueur du corps cylindrique NN de la chaudière; ces tubes, au nombre de 120 à 150, ont $0^m,05$ environ de diamètre, et sont ajustés dans deux fortes plaques percées de trous, dites *plaques tubulaires*, qui servent de fonds au cylindre NN. Comme les parois planes du foyer et de son enveloppe n'offriraient pas une résistance suffisante, surtout avec des pressions de 8 et 9 atmosphères ordinaires sur les locomotives, elles sont renforcées par de puissantes armatures en fer et réunies par de nombreuses traverses dites *entretoises*. Le réservoir de vapeur est généralement trop petit dans les chaudières de locomotives, et, pour l'augmenter, on y adjoint un *dôme* supplémentaire O, à la partie supérieure duquel s'ouvre le tuyau PP, qui conduit la vapeur à la machine; une clef U, disposée ici comme les plaques étoilées qu'on voit ordinairement aux bouches de chaleur dans les poêles, sert à ouvrir et à fermer ce tuyau dit *de prise de vapeur* ; une manette T sert à la manœuvrer. Enfin, les deux sou-

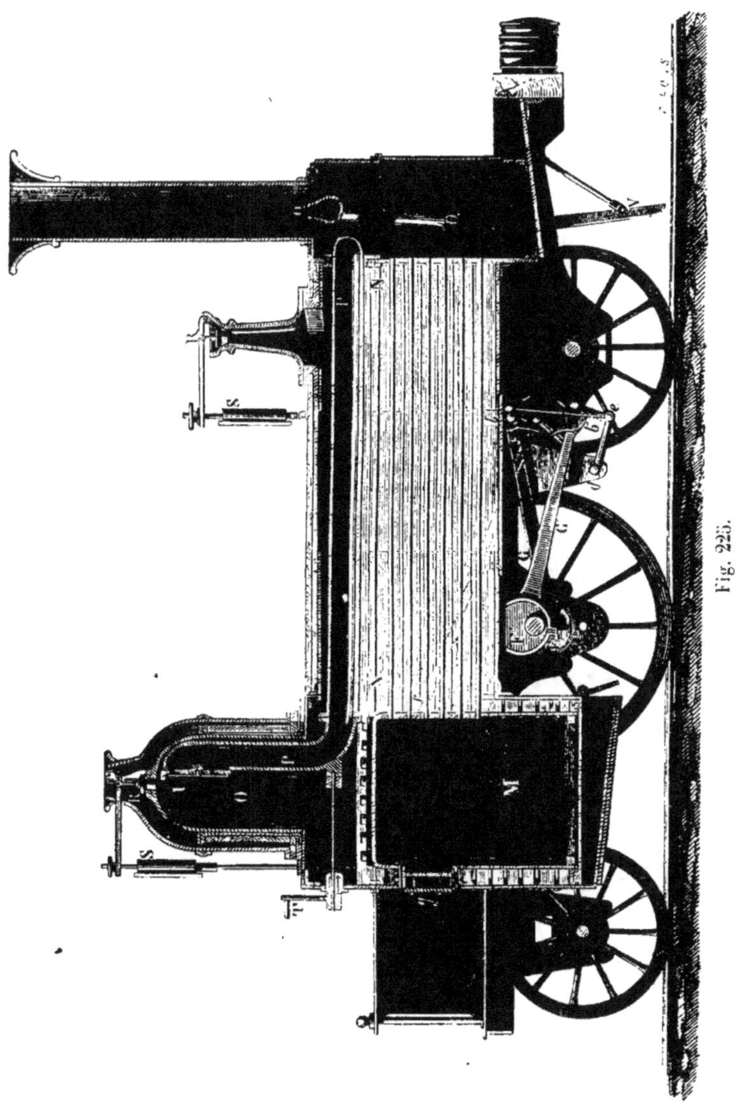

Fig. 225.

papes réglementaires **RR** présentent cette particularité que c'est un ressort à boudin, renfermé dans la gaîne S, qui agit à l'extrémité du levier au lieu d'un poids. La cheminée d'une locomotive serait évidemment tout à fait insuffisante à produire le tirage nécessaire à une combustion de 400 et 500 kilogrammes de houille à l'heure, en raison surtout de la difficulté que les gaz chauds éprouvent à traverser les tubes de petit diamètre qui forment carneaux intérieurs. Ce tirage est obtenu en dirigeant dans la cheminée l'échappement de la vapeur, après qu'elle a travaillé dans la machine; on voit, sur la figure, l'un des deux tuyaux d'échappement Q qui, venant des cylindres, aboutissent dans la cheminée; la vapeur, qui a encore une très-grande vitesse, et dont le poids atteint souvent 1 kilogramme par seconde, choque et entraîne les produits de la combustion, leur communique une grande vitesse, et produit ainsi un puissant appel. On conçoit, d'ailleurs, que le mode ordinaire de tirage conviendrait tout aussi bien, si la chaudière tubulaire était mise en communication avec une cheminée suffisamment haute.

277. Ce qui caractérise la chaudière de locomotive, c'est l'emploi des tubes, qui permet de condenser sous un petit volume une surface de chauffe très-développée, et, par suite, une très-grande puissance de vaporisation. On conçoit donc qu'on ait cherché à utiliser comme générateurs fixes ce genre de chaudières. Depuis quelques années, l'usage s'en répand de plus en plus, et l'expérience a montré que cette faveur était parfaitement justifiée par le rendement qu'elles fournissent; on peut obtenir avec elles de 7 à 8 kilogrammes de vapeur par kilogramme de houille brûlée; ce sont donc d'excellents appareils, comparables seulement aux meilleurs des autres systèmes.

On a varié beaucoup la forme des générateurs tubulaires, mais les meilleurs sont encore ceux qui se rapprochent le plus de la forme générale des chaudières de locomotives. Cependant il est indispensable d'agrandir le réservoir de vapeur; faute de place, il est très-insuffisant sur la locomotive, et il en résulte que la vapeur entraîne souvent jusqu'au tiers de son poids d'eau. Une autre remarque utile à faire, c'est que souvent les chaudières tubulaires fonctionnent mal, parce que la section totale des tubes est trop petite, ce qui alors gêne le tirage; il faut assurer à cette section une valeur au moins égale à la plus petite des valeurs que donne la règle de d'Arcet pour la cheminée, c'est-à-dire 1 décimètre carré par 6 ou 7 kilogrammes de houille brûlés à l'heure. Dans tous les cas, il est essentiel que la cheminée produise un fort tirage.

Établies dans de bonnes conditions, les chaudières tubulaires ont de grandes qualités; mais aussi elles sont coûteuses et exigent un entretien et des soins, sans lesquels elles s'usent rapidement; les réparations sont coûteuses et parfois difficiles à faire faire quand on n'est pas à proximité des ateliers. Enfin, la principale objection que présente leur emploi tient à la très-grande difficulté d'enlever de leur intérieur les incrustations qui s'y forment. Partout où les eaux sont de mauvaise qualité et donnent des dépôts abondants, il faut renoncer aux chaudières tubulaires, à moins qu'on ne prenne le soin d'épurer les eaux par la chaux. Remarquons, d'ailleurs, que les chaudières tubulaires donnent des résultats aussi bons, mais non meilleurs que les chaudières à formes plus simples, munies de réchauffeurs.

CHAPITRE VI

MACHINE A VAPEUR

278. De même que nous l'avons fait pour l'appareil de production de vapeur, nous commencerons par considérer les principaux organes de la machine à vapeur et par les décrire au point de vue de leurs relations mutuelles, afin de pouvoir ensuite les examiner en particulier dans leur fonctionnement et les détails de leur construction.

279. La machine à vapeur, telle qu'elle est employée autour de nous par l'industrie, a pour but d'utiliser la force élastique de la vapeur d'eau pour donner à un piston placé dans un corps de pompe un mouvement de va-et-vient, qu'on transformera ensuite en un mouvement de rotation continu : le travail effectué sur le piston par la pression de la vapeur sera ainsi recueilli d'abord, puis transformé et approprié aux besoins industriels. Il y a donc dans une machine à vapeur deux parties bien distinctes : la *machine motrice*, comprenant le cylindre ou corps de pompe avec ses accessoires, et la *transmission* comprenant tous les organes qui doivent transformer le mouvement du piston en un mouvement circulaire. On peut y joindre encore une troisième série d'organes comprenant les *régulateurs du mouvement*, c'est-à-dire le volant dont nous avons déjà indiqué l'usage et certains appareils spéciaux dont nous parlerons plus loin et qu'on désigne plus particulièrement sous le nom de régulateurs.

280. Pour que la pression de la vapeur donne au piston un mouvement de va-et-vient, il faut qu'elle agisse successivement d'un

côté puis de l'autre ; elle le poussera alternativement d'un bout à l'autre du corps de pompe où il est placé. Il faut donc, par conséquent, que la chaudière où se produit la vapeur, soit mise en communication alternativement avec l'une et avec l'autre extrémité du cylindre.

Mais en même temps que la vapeur affluera d'un côté du piston, il faut qu'on puisse se débarrasser de celle qui a agi précédemment de l'autre côté, et qui ferait obstacle au mouvement qu'on veut actuellement obtenir. Pour cela on peut agir de deux manières différentes.

On peut simplement ouvrir une issue dans l'air libre à la vapeur ; elle s'élancera par cette ouverture tant que sa force élastique surpassera celle de l'air, c'est-à-dire tant qu'elle sera supérieure à 1 atmosphère : en un instant sa force sera donc réduite à 1 atmosphère, et, si la vapeur qui doit agir de l'autre côté est à une tension supérieure, elle pourra faire avancer le piston. C'est la solution la plus simple ; seulement elle ne peut être employée qu'avec de la vapeur à une tension de plusieurs atmosphères, de la vapeur à *haute pression*, comme on dit.

Au lieu d'ouvrir à la vapeur qui a déjà travaillé une issue dans l'air, on peut lui ouvrir une issue dans un espace vide d'air et rempli seulement de vapeur à une faible tension, ou ce qui revient au même, à une faible température, Les choses se passeront de même façon, l'équilibre s'établira ; mais au lieu de se réduire 1 atmosphère, la force élastique de la vapeur se réduira à une valeur bien moindre ; ce qui sera évidemment plus avantageux, puisque cette force élastique n'est plus qu'un obstacle au mouvement du piston. Cet espace où se rend la vapeur se nomme le *condenseur*. — Chose assez curieuse, c'est cette seconde solution, plus compliquée, plus raffinée que l'autre, qui a été la première introduite dans la pratique ; une des raisons en est simplement que, à l'époque où l'illustre Watt créa la machine à vapeur, il aurait été impossible de se procurer une chaudière en état de contenir et par conséquent de fournir de la vapeur à haute pression.

Comme accessoire indispensable du cylindre où doit se mouvoir le piston, on voit qu'il faut une disposition spéciale propre mettre successivement chacune des extrémités du cylindre en communication avec le générateur en même temps que l'autre extrémité sera en communication avec le condenseur. Cette disposition est ce qu'on appelle la *distribution de vapeur*. Ainsi la machine motrice proprement dite se compose de deux parties : le cylindre avec le piston, et la distribution de vapeur.

281. Nous avons peu de chose à dire du cylindre (fig. 230); en fonte d'une épaisseur suffisante, il ne présente à son intérieur d'autre particularité qu'un alésage qui doit être très-soigné afin d'éviter le passage de la vapeur d'un côté à l'autre du piston. Il présente à ses deux extrémités deux ouvertures qui servent à l'entrée et à la sortie de la vapeur pour chacune des deux portions du cylindre séparées par le piston. Ces ouvertures sont les extrémités de deux conduits ménagés dans l'épaisseur de la paroi. La tige du piston sort du cylindre au travers d'une boîte à étoupes destinée à prévenir toute fuite de vapeur.

La distribution de vapeur dans les cylindres ordinaires se compose invariablement d'une sorte de réservoir ou *boîte à vapeur* BB en communication directe et constante avec le générateur par le conduit C et d'un organe mobile NN nommé *tiroir*. Dans la boîte à vapeur viennent aboutir les deux conduits à vapeur du cylindre, dont les orifices, de ce côté, portent le nom de *lumières*. Le tiroir, lui, est en communication constante avec le condenseur ou avec l'atmosphère, suivant qu'il y a ou non un condenseur ; et son rôle est de mettre en communication avec l'extérieur, au moyen d'un conduit débouchant en M entre les deux lumières, celui des deux conduits par lequel la vapeur doit *sortir ;* tandis que l'autre, aboutissant dans la boîte à vapeur reçoit librement la vapeur venant de la chau-

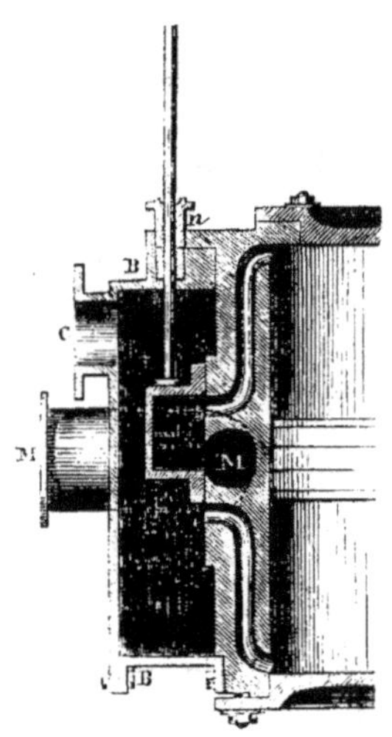

Fig. 226.

dière. La figure ci-jointe représente le tiroir sous sa forme la plus ordinaire. Ce tiroir doit évidemment être animé d'un mouvement alternatif afin de renverser le jeu de la vapeur à chaque course nouvelle du piston; et puisque ce mouvement doit ainsi concorder avec celui du piston, l'idée vient naturellement de le faire produire par le piston lui-même, ou l'une des pièces qu'il fait mouvoir: c'est en effet ce qui a lieu au moyen d'un excentrique (173) calé sur l'arbre que ce piston fait tourner et dont la bielle traverse la paroi de la chambre à vapeur dans un presse étoupe *n*.

La machine motrice varie, en somme, très-peu dans ses éléments essentiels et même dans la forme de ses organes, seulement les circonstances dans lesquelles s'effectue le travail de la vapeur peuvent varier notablement, et c'est ainsi qu'on classe les machines à vapeur en différentes catégories :

1° *Machines à basse pression* où la tension de vapeur ne dépasse pas 1 1/2 atmosphère ; nécessairement pourvues d'un condenseur;

2° *Machines à moyenne pression*, où la tension de vapeur est de 3 à 5 atmosphères ; ordinairement mais non plus nécessairement pourvues d'un condenseur : parmi elles, on distingue les machines dites *à deux cylindres* dont nous parlerons plus tard ;

3° *Machines à haute pression*, où la tension de vapeur dépasse 5 atmosphères ; toujours sans condenseur.

282. Il n'en est pas de même de la transmission de mouvement, elle varie à l'infini ; et trois ou quatre classes de machines étant admises, c'est le mode de transmission adopté qui fait toute la différence d'un système à un autre.

Le système de transmission adopté par Watt, le créateur de la machine à vapeur industrielle, est celui qui caractérise la machine dite à *balancier*, encore très-employée. L'extrémité supérieure de la tige du piston A est liée à l'extrémité d'un grand levier horizontal DF, mobile autour d'un axe situé en son milieu E, et qu'on nomme *balancier*. C'est pour effectuer cette liaison qu'a été inventé l'ingénieux mécanisme qui porte le nom de parallélogramme de

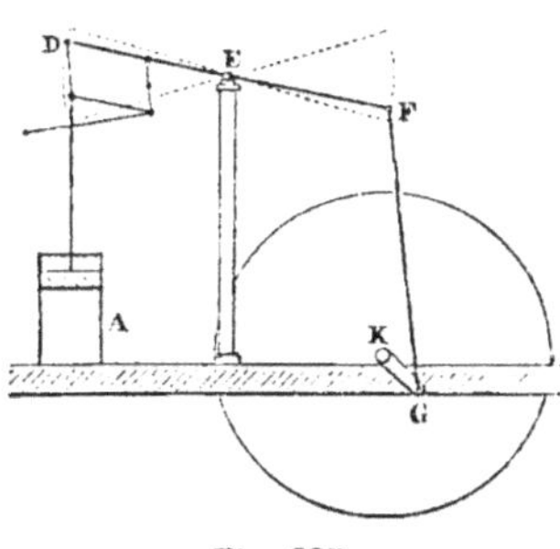

Fig. 227.

Watt (177). Puis, pour transformer le mouvement alternatif de la seconde extrémité du balancier en un mouvement circulaire continu on fait usage d'une bielle FG agissant sur une manivelle (176) calée sur l'arbre K à mettre en mouvement.

283. C'est en différents points de cette transmission, en diffé-

rents points du balancier dans celle que nous venons d'indiquer, que sont attachées, pour être mises en mouvement, les tiges de plusieurs pompes dont le jeu est nécessaire à celui de la machine, et qu'elle doit donc faire mouvoir.

1° *Pompe à air et pompe à eau froide.* — La présence d'une pompe à air est liée à celle d'un condenseur. Le condenseur est une caisse en fonte ou en tôle dans laquelle on fait arriver la vapeur au sortir du cylindre, et où elle se trouve en présence d'eau, non pas tout à fait froide (elle a ordinairement 40° ou 50°), mais beaucoup moins chaude qu'elle ; elle se condense donc et la pression, dans le condenseur, se réduit à celle qui correspond à cette température, c'est-à-dire environ $\frac{1}{10}$ d'atmosphère. Mais il faut entretenir cette température qui tend sans cesse à s'élever rapidement par le fait même de la condensation ; il faut donc, à chaque instant, extraire l'eau trop chaude et amener de l'eau froide ; d'où la nécessité de deux pompes, une pompe à eau froide et la pompe à eau chaude dite *pompe à air.* Ce dernier nom, qui paraît assez bizarre, lui vient de ce que, avec l'eau chaude, elle extrait du condenseur l'air qui y est introduit à chaque instant à l'état de dissolution dans l'eau froide et qui se dégage par l'échauffement.

2° *Pompe d'alimentation.* — Enfin, il faut alimenter d'eau le générateur, et, pour cela, il faut encore une pompe. Lorsqu'il y a un condenseur, cette pompe d'alimentation puise l'eau, déjà tiède, dans une bâche où la verse la pompe à air ; c'est une pompe foulante, ordinairement à piston plongeur.

284. Enfin, le mouvement doit être aussi régulier que possible ; et c'est à quoi servent un volant, d'abord, puis des appareils particuliers, nommés *régulateurs* ou *modérateurs.*

Nous avons expliqué précédemment le rôle d'un volant (152) ; sa présence atténue les effets des irrégularités dans la production et dans la consommation du travail. Mais il devient impuissant lorsque l'égalité entre le travail moteur et le travail résistant se trouve définitivement rompue d'une manière permanente au profit de l'un des deux (154). A moins d'une insuffisance de la machine, c'est toujours par excès du travail moteur que l'équilibre se trouve rompu ; par exemple, dans un atelier où une machine faisait mouvoir un certain nombre d'outils, on en arrête une partie ; le travail résistant se trouvant diminué d'une manière permanente, le mouvement devrait nécessairement s'accélérer de plus en plus, et le volant ne pourrait que retarder un peu cet effet inévitable. Pour ramener l'équilibre, il faut nécessairement agir sur le travail moteur, pour en diminuer aussi la production : c'est là le rôle des *régulateurs*. Il y a une infinité d'espèces de régulateurs, parmi lesquels le plus commun est encore le régulateur à boules ou à force centrifuge ; c'est celui que Watt employait. Contentons-nous ici d'indiquer le rôle et l'utilité de ce genre d'organe.

285. Notions historiques sur la machine à vapeur. — L'invention de la machine à vapeur a joué un rôle si considérable dans le développement de l'industrie et, par suite, dans les conditions de la vie sociale à notre époque, qu'il y aurait ingratitude à laisser dans l'oubli les noms des hommes à qui nous en sommes redevables. Nous indiquerons donc très-brièvement les principaux inventeurs.

La connaissance de la puissance expansive de la vapeur remonte très-haut ; mais nous n'avons pas lieu de croire qu'il en ait été fait aucune application utile. Au commencement du dix-septième siècle, on n'était guère plus avancé que du temps de Héron, qui vivait à Alexandrie 120 ans av. J.-C. Pourtant, à cette époque, on commençait à se préoccuper de la possibilité de tirer parti de cette force élastique ; Salomon de Caus, ingénieur et architecte français, a décrit (*Traité des forces mouvantes*, 1615) un appareil à élever les eaux, dont il ne s'attribue point, du reste, l'invention ; c'est le premier des appareils à vapeur aujourd'hui appliqués industriellement qu'on rencontre avec certitude. C'est une chaudière au fond de laquelle descend un tube ; on y introduit de l'eau et on chauffe ; la vapeur se forme, et sa pression refoule l'eau par le tube : c'est le principe de certains *monte-jus* encore employés dans les sucreries *.

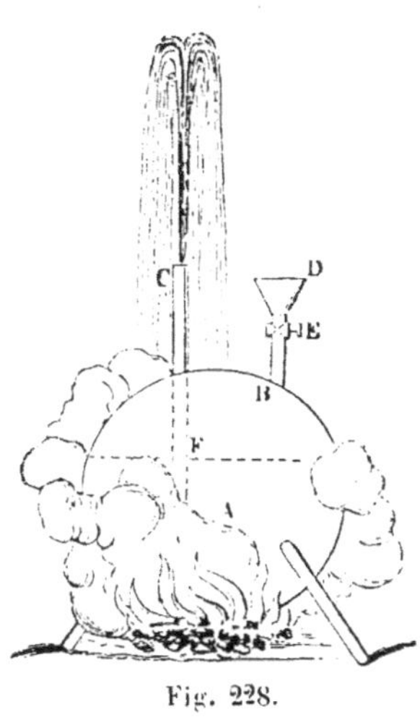

Fig. 228.

* Une légende, inventée à plaisir il y a une trentaine d'années, raconte qu'on vit en **1641** Salomon de Caus, fou et méconnu, enfermé à Bicêtre. Il n'y

Le véritable inventeur de la machine à vapeur est Denis Papin, né à Blois en 1647, mort à Londres en 1714. Papin fut d'abord médecin à Paris, puis associé aux travaux de Huyghens sur l'astronomie. Le premier, il songea à utiliser la vapeur pour construire une machine motrice ; il imagina et réalisa même en petit le principe de la machine dite machine atmosphérique, encore employée aux épuisements en Angleterre ; il est l'inventeur de la soupape de sûreté, telle que nous l'employons encore ; il avait même conçu le projet d'une machine à haute pression, qu'il a décrite avec précision, mais qu'il n'a jamais pu exécuter. Forcé de s'expatrier à la suite de la révocation de l'édit de Nantes, il passa en Angleterre, puis en Allemagne et en Italie ; dénué de ressources et de protections dans sa vie errante, dénué peut-être aussi, malgré son génie, de cet esprit pratique et persévérant sans lequel il n'est point de succès possible, il mourut à Londres dans la misère.

286. Sa machine fut réalisée, à très-peu près telle qu'il l'avait conçue et publiée, par Newcomen et Savery (1705 et 1711), qui perfectionnèrent son idée en l'appliquant.

Dans cette machine, la vapeur à basse pression produite dans une chaudière A n'agissait par sa force élastique au-dessous du piston C que pour contre-balancer la pression atmosphérique extérieure. Le robinet a étant ouvert, et le piston étant au bas du corps de pompe B, cette vapeur agissait ainsi pour aider le poids de la tige E de la pompe et le poids supplémentaire F à faire basculer le balancier D ; puis, quand le piston était en haut du corps de pompe, on fermait le robinet a ; on ouvrait le robinet a' placé sur le tuyau c, et l'eau d'un réservoir G, jaillissant dans le corps de pompe, condensait la vapeur. Alors la pression atmosphérique, l'emportant de nouveau, faisait descendre le piston, et le même jeu se répétait indéfiniment.

Le premier perfectionnement apporté à la machine de Newcomen avait consisté à faire ouvrir et fermer les robinets par la machine elle-même au moyen de tiges attachées au balancier, et qui ne sont pas reproduites sur notre figure (Potter et Beighton, 1710) : on en

a pas un mot de vrai dans cette histoire ; il était mort en 1630, et Bicêtre n'était d'ailleurs à cette époque nullement un hôpital, mais une commanderie de l'ordre de Malte.

introduisit d'autres encore, moins importants, et dans le détail
desquels nous ne pouvons entrer. Quelque imparfaite qu'elle fût,
la *pompe à feu* de Newcomen, comme on l'appelait, fut employée

Fig. 22).

pendant plus de soixante ans à l'épuisement des mines en Angleterre et même sur le continent (à Condé, en 1744 ; à Anzin, en
1754 ; à Littry (Calvados), en 1749), et elle a rendu de grands et
véritables services.

On comprit bientôt que si on parvenait à obtenir un mouvement
de rotation continu, on ouvrirait un vaste champ aux applications.
Fitzgerald (1750) indiqua la véritable solution par l'application
d'un volant, organe dont les effets étaient connus dès longtemps
auparavant ; mais l'emploi d'une bielle et d'une manivelle calées
sur l'arbre du volant est dû à **Mathieu Wasbrough, de Bristol**
(1778).

287. C'est en 1763 que Watt commença les travaux mémorables qui

ont opéré toute une révolution dans l'industrie. Watt, né, en 1736, à Greenock, d'une famille honorable mais sans fortune, travaillait à Édimbourg, chez un constructeur d'instruments de physique. Ayant eu entre les mains, pour le réparer, un modèle de la machine de Newcomen, il l'étudia et la perfectionna d'abord en imaginant le condenseur. Jusque-là, comme nous venons de le dire, on condensait la vapeur dans le cylindre même, ce qui nécessitait une énorme consommation de vapeur, dont une partie ne servait qu'à réchauffer les parois précédemment refroidies : l'invention d'un condenseur séparé la réduisit immédiatement de plus de moitié.

Watt reprit ensuite l'idée de Papin, oubliée depuis un demi siècle et employa la vapeur à produire le mouvement descendant aussi bien que le mouvement ascendant du piston, en la faisant arriver alternativement des deux côtés de ce piston. Il est ainsi l'inventeur du véritable moteur industriel, de la machine à vapeur telle que nous la connaissons ; et, sans qu'il soit nécessaire de détailler ici ses admirables travaux, on peut dire qu'elle est sortie de ses mains à peu près parfaite : on n'a rien inventé d'absolument essentiel, depuis Watt, en fait de machines à vapeur.

288. Pourtant Watt ne construisit guère que des machines à basse pression et à balancier ; et bien des noms mériteraient encore d'être cités, même après le sien. Nous mentionnerons seulement Olivier Evans et Trevithick qui, les premiers, construisirent des machines à haute pression ; Hornblower, qui inventa la machine à deux cylindres (1781), à laquelle Woolf a laissé son nom après l'avoir perfectionnée (1804); Murray, qui inventa le tiroir et l'excentrique de distribution (1801); Perrier, qui établit le premier grand atelier de construction de machines à vapeur en France (à Paris, 1782), et construisit le premier des machines sans balancier (1792).

Enfin, la France doit un souvenir particulier aux savants constructeurs et ingénieurs qui, depuis 1820, lui ont fait regagner tout le temps qu'elle avait perdu au commencement du siècle pour son développement industriel, absorbée qu'elle était par ses bouleversements intérieurs et sa lutte contre l'Europe. MM. Chagot, Schneider, Cavé, Bourdon, Cail, Farcot, Kœchlin, Flaud, Clapeyron, Perdonnet, Polonceau, et tant d'autres que nous ne pouvons citer, ont amené les choses à ce point qu'on fait aujourd'hui en France la machine à vapeur au moins aussi bien si ce n'est mieux qu'en Angleterre, et que naguère encore l'usine du Creuzot fournissait des locomotives à l'un des chemins de fer anglais.

MACHINE MOTRICE, TRAVAIL DE LA VAPEUR.

289. Cylindre. — Le cylindre, avec les divers conduits qu'il renferme dans l'épaisseur de ses parois, a une forme si compliquée qu'il n'a pas encore été regardé comme possible de le faire autrement qu'en fonte, malgré les inconvénients de cette matière cassante ; seule, elle permet de le couler dans un moule. La fonte employée pour un cylindre doit être le plus dure possible ; l'intérieur doit être alésé avec le plus grand soin.

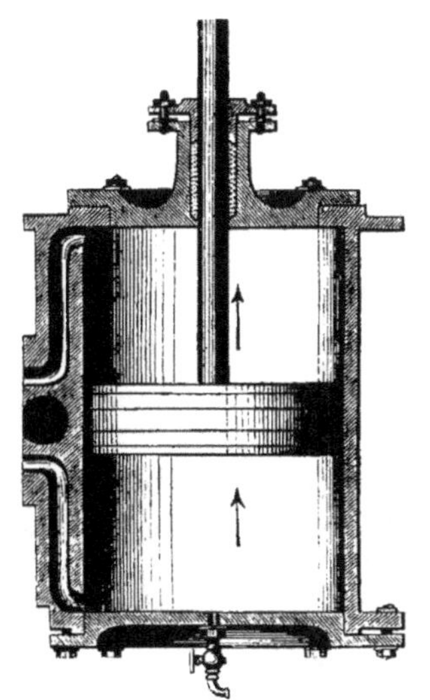

Fig. 230.

Des deux fonds, l'un au moins doit pouvoir être enlevé entièrement, afin qu'on puisse introduire ou sortir le piston, et il est maintenu par des boulons serrés contre le rebord du cylindre ; l'autre peut être fixé à demeure ou même fondu d'une seule pièce avec le corps du cylindre. L'un d'eux doit donner passage à la tige du piston ; et l'ouverture dont il est percé est garnie d'une boîte à étoupes, afin d'empêcher la vapeur de s'échapper.

Sur la partie supérieure du cylindre sont disposés un ou plusieurs robinets graisseurs. Ce qu'on appelle un robinet graisseur, est, à vrai dire, un petit vase muni de deux robinets et vissé sur un orifice du cylindre (voir fig. 248) ; en ouvrant le robinet extérieur, on peut remplir le godet d'huile ; puis, en fermant ce robinet et ouvrant l'autre, on fait écouler cette huile dans le cylindre pour en lubrifier les parois et adoucir le frottement du piston sans ouvrir d'issue à la vapeur.

Dans les deux fonds sont disposés aussi des robinets *purgeurs*, c'est-à-dire des orifices habituellement fermés et qu'on ouvre de temps en temps pour faire sortir l'eau qui se condense toujours dans le cylindre et finirait par gêner le mouvement du piston.

Enfin, il y a presque toujours dans les machines fixes une *enveloppe de vapeur*. On dispose le cylindre dans un autre plus grand et concentrique; et la vapeur, sortant de la chaudière pour se rendre dans la boîte à vapeur, circule d'abord dans l'intervalle de ces deux cylindres. Par là, on prémunit le cylindre contre tout refroidissement possible; nous verrons plus tard quelle en est l'utilité.

290. **Piston**. — Le piston qui fonctionne dans un cylindre a une épaisseur qui varie du 6e au 10e de la longueur du cylindre; il est bon qu'elle soit assez grande, non-seulement parce qu'il doit présenter une résistance suffisante pour empêcher toute fuite de vapeur, mais aussi parce que, avec plus d'épaisseur, il est mieux guidé dans son mouvement.

Il y a pour le piston un très-grand nombre de constructions diverses; mais il est toujours formé de deux plateaux, l'un fixé à la tige, et l'autre qu'on peut démonter en un ou plusieurs morceaux. Lorsque tout est en place, il y a entre eux une gorge où se trouve contenue une garniture destinée à rendre étanche le joint entre le piston et les parois du cylindre. Autrefois, cette garniture se composait de tresses de chanvre graissées qui s'usaient rapidement. Aujourd'hui, on n'emploie plus que des garnitures métalliques; elles se composent souvent de deux anneaux en fer ou en fonte, qui occupent précisément la place des tresses de chanvre, et qui, poussées à l'extérieur par des ressorts, suffisent à former un joint parfait. Chaque anneau se compose alors, comme le montrent les figures ci-jointes, de plusieurs segments chassés par des ressorts qui butent à l'intérieur contre une pièce fixe, et donnent ainsi à l'anneau une élasticité artificielle. On place ordinairement, comme le montrent les figures 253 et 254, deux anneaux concentriques dont les joints se recouvrent, et chaque anneau est lui-même double; on rend ainsi la garniture tout à fait imperméable à la vapeur.

On emploie même beaucoup des garnitures dans lesquelles chaque rang de segments est remplacé par un seul anneau continu. On fond un anneau en fonte très-douce, puis on le martèle à froid à l'intérieur, ce qui tend à le dilater. Après l'avoir tourné avec grand soin au diamètre du cylindre, on le fend à la scie et il s'ouvre ; son élasticité est suffisante ; on se dispense de tout ressort et on obtient ainsi des garnitures excellentes : c'est ainsi que sont disposés les pistons dit pistons *suédois*.

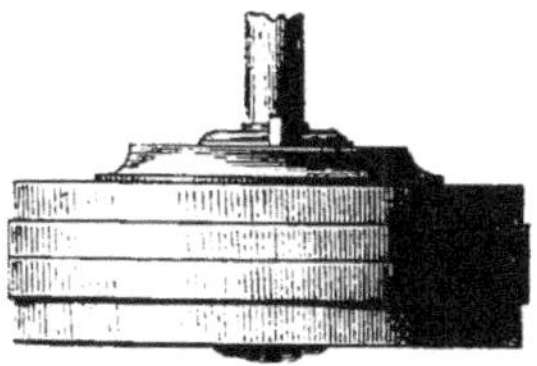

Fig. 251.

Fig. 252.

Fig. 253.

Fig. 254.

Pour reconnaître si un piston laisse passer la vapeur, on la fait arriver d'un côté en ouvrant le purgeur du couvercle opposé. On reconnaîtra qu'il y a des fuites en voyant sortir la vapeur par le purgeur.

291. Travail de la vapeur à pleine pression ; volume du cylindre. — Il nous reste à parler d'un élément important, de qui dépend la quantité de travail produite à chaque coup de piston : c'est la grandeur du cylindre.

Mais pour faire comprendre comment la puissance de la machine est liée au volume du cylindre, il faut examiner d'abord comment on peut évaluer la quantité de travail effectuée par la pression de la vapeur pendant une course du piston.

Supposons d'abord que la vapeur afflue de la chaudière au cylindre, c'est-à-dire travaille, comme on dit, *à pleine pression* pendant toute la durée de la course du piston. L'effort exercé par elle reste constamment le même, et il est facile de le calculer, connaissant la tension de la vapeur et la surface du piston. Il suffit de se rappeler qu'une tension de 1 atmosphère signifie une pression de 1,053 kilogramme par centimètre carré ou 10330 kilogrammes par mètre carré. Par conséquent, en désignant par S la surface du piston en mètres carrés, et par n le nombre d'atmosphères exprimant la tension de la vapeur, $Sn10330$ kilogrammes sera la pression sur le piston ; et si L est la longueur du cylindre, le travail effectué sera $LSn10330$ kilogrammètres[*]. Mais LS exprime le volume V du cylindre en mètres cubes ; le travail effectué est donc

$$Vn10330 \text{ kilogrammètres.}$$

Ainsi, *quand la vapeur travaille à pleine pression, la quantité de travail effectuée pendant une course du piston est proportionnelle au volume du cylindre.*

292. Si donc on connaît la tension de la vapeur qui doit travailler et si on sait quel travail la machine doit fournir par coup de piston, on connaîtra le volume du cylindre.

Supposons, par exemple, qu'on veuille construire une machine de 50 chevaux sans condensation, où la vapeur travaillera à pleine pression à une tension de 5 atmosphères, en donnant 80 coups de piston par minute. — Une machine de 50 chevaux fournit 50 fois 75 kgm. par seconde ou 225000 kgm. par minute ; chaque coup d piston comprend deux courses ; par conséquent, le travail effectué par course du piston doit être 160 fois moindre ou 1406,25 kgm. Comme, d'ailleurs, il ne doit pas y avoir de condensation, c'est-à-dire que la vapeur s'échappera dans l'air en conservant une tension de 1 atmosphère, il y aura derrière le piston, sur lequel agira la vapeur à 5 atmosphères, une contre-pression de 1 atmosphère ; cette vapeur ne conservera donc de pression effective que 4 atmosphères. Ainsi le travail de la vapeur sera $V.4.10330$, et on devra avoir l'égalité $V.4.10330 = 1406,25$, d'où $V = 0^{mc},0335$. Le volume du cylindre doit être de 33,5 litres.

En réalité, il faudra qu'il soit notablement plus grand, parce qu'on est fort loin de recueillir la totalité du travail effectué dans

---

[*] Comme il y aura toujours une contre-pression de l'autre côté du piston, de la part de la vapeur s'échappant dans l'air ou dans le condenseur, pour avoir le travail moteur de la vapeur il faudra diminuer n de la vapeur en atmosphères de cette contre-pression. On peut dire que n désigne le nombre d'atmosphères mesurant la pression *effective* de la vapeur sur le piston.

le cylindre par la vapeur; c'est à l'expérience à montrer quelle fraction de cette quantité de travail on recueille dans chaque cas; pour les machines à haute pression sans condensation, on ne recueille guère que la moitié de ce travail; il faudra donc faire le volume du cylindre double de ce que nous avons trouvé, pour qu'on puisse compter obtenir la quantité de travail nécessaire et réaliser une machine de 50 chevaux.

293. **Travail de la vapeur avec détente : volume du cylindre.** — Le travail à pleine pression pendant toute la course du piston n'est, pour ainsi dire, plus jamais employé maintenant; nous devons considérer les choses comme elles se passent habituellement.

Supposons que, au lieu de laisser arriver la vapeur librement de la chaudière au cylindre pendant toute la course du piston, on lui en intercepte l'entrée, quand le piston est, par exemple, à la moitié de sa course. La vapeur déjà entrée, se trouvant isolée, se comportera comme un gaz, et si son volume vient à augmenter, elle ne cessera pas pour cela d'avoir une force expansive ; seulement cette force diminuera, variant en raison inverse du volume, suivant la loi de Mariotte. Donc, si le piston continue sa course, et c'est ce qui ne manquera pas d'avoir lieu, la vapeur continuera à le pousser en avant, mais moins énergiquement ; c'est un ressort qui se détend ; à mesure qu'il se détend sa force diminue, mais ne cesse pas d'exister. Cette vapeur continuera donc à effectuer pendant sa *détente* un certain travail moteur. Si nous comparons d'une part le travail produit, d'autre part la dépense, avec ce qu'ils eussent été l'un et l'autre si la vapeur n'eût cessé d'affluer pendant la course entière, nous apercevons d'abord que la dépense de vapeur a été réduite à moitié ; et on voit également que le travail effectué est plus que la moitié de celui qu'on aurait eu : car il comprend d'abord le travail effectué à pleine pression pendant la première moitié de la course, travail qui est déjà la moitié de celui-là, et il comprend de plus celui qui est effectué pendant la *détente* de la vapeur. Ainsi, en réduisant la dépense à moitié, on réduit le travail obtenu dans une proportion moindre; ce travail reviendra donc à meilleur marché; car une dépense de vapeur correspond à une dépense de combustible, et par suite à une dépense d'argent.

294. Pour bien fixer les idées sur ce point important, précisons

complétement les faits. Supposons que la vapeur ait une tension de 5 atmosphères, et que la course du piston soit 1^m,20. Cette tension correspond à une pression de 5,168 kilogrammes par centimètre carré de la surface du piston : par conséquent, si la vapeur travaillait à pleine pression pendant la course entière, le travail correspondant serait 5,168.1,20 ou 6,204 kilogrammètres. Pour un cylindre de 0^m,60 de diamètre, dont la section vaut 2827 centimètres carrés, le travail total serait 17559 kilogrammètres.

Si on coupe l'introduction de vapeur à moitié de la course, la pression exercée par la vapeur isolée dans le cylindre ira en diminuant à mesure que son volume augmentera. Quand le piston aura avancé de 1/20 de la course totale, cette pression (par centimètre carré) sera devenue, suivant la loi de Mariotte, $5^k,168\frac{10}{11}$, puisque le volume aura augmenté dans le rapport de 11 à 10 ; on pourra ainsi calculer les valeurs successives de cette pression pour les positions successives du piston de 20e en 20e, par exemple, de sa course, ces valeurs seraient $5^k,168\frac{10}{12}$, $5^k,168\frac{10}{13}$, etc., jusqu'à sa valeur extrême $5^k,168\frac{10}{20}$ lorsque, le piston ayant achevé sa course, le volume aura doublé. On pourra alors calculer approximativement le travail effectué, comme nous l'avons fait au § 126 (Ire partie), en multipliant chaque pression par l'espace parcouru correspondant, qui est 0^m,06, et on trouvera que le travail total effectué pendant la détente par centimètre carré de surface de piston est 2,072 kilogrammètres, ou bien, pour la surface entière, 5859 kilogrammètres. En y ajoutant le travail effectué à pleine pression pendant la première moitié de la course lequel est 5,168.0,60.2827 ou 8769 kilogrammètres, on trouvera pour le travail total 14628 kilogrammètres. La dépense en vapeur a été réduite de moitié et le travail n'est pas même réduit de 1/5, car il est à peu près les 0,84 de ce qu'il eût été à pleine pression.

La représentation graphique du travail, employée au même § 126, montre encore plus évidemment l'avantage qui résulte de l'emploi de la détente. Le travail à pleine pression pendant la course entière serait représenté par la surface du rectangle ayant pour base la course entière AB du piston (fig. 255) et pour hauteur la ligne qui représente la pression correspondante, 5 atmosphères ou 5,168 kilogrammes ; on voit dès lors que la surface représentant le travail effectué avec détente se compose d'un rectangle qui est la moitié de celui-là, et en sus de l'aire limitée par une courbe qui va en s'abaissant.

Dans le calcul précédent nous avons négligé le travail effectué par la contre-pression ; mais il est facile de s'assurer que sa présence ne change rien d'essentiel à nos conclusions. Si, par exemple, cette contre-pression était 1/2 atmosphère, ce qui est fort exagéré,

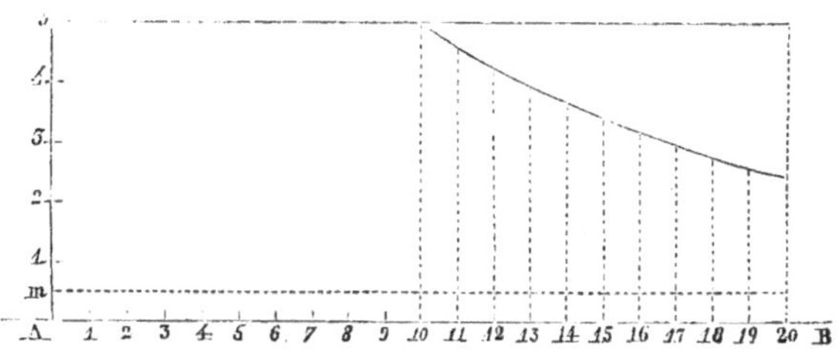

Fig. 255.

son travail résistant serait représenté par un rectangle ayant pour base AB et pour hauteur une longueur A*m* ; le travail disponible serait figuré par ce qui, dans les deux surfaces précédentes, est situé au-dessus de ce rectangle ; ce qui reste du travail avec détente sera toujours plus de la moitié de ce qui reste du travail sans détente.

De ce qui précède nous pouvons donc conclure d'abord qu'il y a un avantage économique considérable à supprimer l'introduction de vapeur avant la fin de la course du piston, c'est-à-dire à employer la détente de la vapeur.

295. On pourrait faire un calcul analogue à celui que nous venons de faire, en supposant qu'on supprime l'introduction de vapeur à un autre point de la course que le milieu, et on trouverait le rapport entre le travail effectué pour chaque degré de détente avec celui qui serait effectué à pleine pression, de même que nous avons trouvé pour la détente à $\frac{1}{2}$ le rapport 0,84. On pourrait former ainsi un tableau indiquant ce rapport pour chaque degré de détente, en désignant ainsi la fraction qui indique après quel parcours du piston on supprime l'introduction de vapeur ; nous en extrayons quelques nombres pour montrer que le bénéfice procuré par la détente augmente avec le degré de détente.

Degré de détente ou dépense de vapeur.	Travail effectué, le travail à pleine pression étant 1.	Quantité de travail obtenu pour une dépense 1 de vapeur.	Prix d'une même quantité de travail.
1	1,	1,	1,
3/4	0,97	1,29	0,77
1/2	0,84	1,68	0,59
1/3	0,696	2,09	0,47
1/4	0,6	2,4	0,42
1/5	0,52	2,61	0,38
1/8	0,58	3,04	0,33
1/10	0,33	3.3	0,30
1/20	0,20	4,	0,25
1/25	0,179	4,5	0,22

On voit par ce tableau que, si la quantité de travail va en diminuant à mesure qu'on diminue la période d'introduction de vapeur, néanmoins la quantité de travail correspondant à une égale dépense va sans cesse en augmentant, et par conséquent la dépense pour une même quantité de travail va sans cesse en diminuant, c'est ce qu'indiquent les nombres contenus dans la quatrième colonne[1].

D'après ce que nous venons de dire, pour chaque degré de détente on peut savoir d'avance quel travail on obtiendra ; il suffit de réduire dans un rapport convenable le travail qu'on obtiendrait à pleine pression. Celui-ci est, comme nous l'avons vu précédemment Vn 10350 kilogrammètres. Ainsi, en désignant par h un coefficient convenable, qui dépend du degré de détente auquel on fera travailler la vapeur et qui est un des nombres contenus dans la seconde colonne du tableau précédent, le travail à ce degré de détente est

$$h . \, Vn \; 10350 \text{ kilogrammètres.}$$

Par conséquent toutes choses égales d'ailleurs, c'est-à-dire pour la même pression et le même degré de détente, *le travail effectué par la vapeur est encore proportionnel au volume du cylindre.*

Si donc on se donne la pression, c'est-à-dire n, et le degré de détente et par suite h, on pourra calculer le volume qu'il con-

---

[1] Il ne faudrait pas se fier aveuglément à ces indications théoriques et appliquer sans distinction des détentes très-prolongées à toutes les machines ; par des raisons, dans lesquelles nous ne pouvons entrer ici, il arrive que, au delà d'un certain degré, les résistances absorbent le bénéfice donné par la détente. Il faut une construction très-parfaite de la machine pour qu'il y ait avantage à employer comme on l'a fait des détentes à 1/25 et même à 1/30.

vient de donner au cylindre d'une machine pour qu'elle produise à chaque course du piston une certaine quantité donnée de travail.

Ainsi, par exemple, on veut construire une machine de 50 chevaux travaillant à 5 atmosphères de pression effective à la détente 1/5 et donnant 30 coups de piston à la minute, il est facile de calculer le volume que doit avoir son cylindre. Ici $h = 0,52$ puisque la détente est à 1/5 ; d'ailleurs la machine doit fournir 225000 kgm. par minute et par conséquent 3607 kgm. par course du piston ; on aura donc l'égalité 3607 = 0,52. V. 5.10330, d'où on conclut V = 0^{mc},154 ou 154 litres. — En réalité il faudra le faire à peu près double parce qu'on ne profite pas de tout le travail effectué par la vapeur.

296. Coefficients de travail disponible. — Nous venons de dire, et nous avions déjà dit précédemment que l'effet utile d'une machine à vapeur est toujours fort loin de représenter la totalité du travail effectué par la vapeur sur le piston. La règle ci-dessus donnée pour le calcul de ce travail est tout à fait indépendante de la puissance de la machine ; mais l'expérience et la discussion d'un grand nombre d'observations ont montré que, pour des machines de même puissance, le rapport du travail disponible au travail théorique était à peu près toujours le même. Ce rapport, qui représente en quelque sorte le rendement de la machine, augmente avec la puissance, les causes de perte ne croissant pas aussi rapidement que la production de travail ; on adopte, selon la puissance de la machine, pour ce rapport les valeurs suivantes :

Pour les machines au-dessous de 10 chevaux-vap.	de 0,30 à 0,40	
— de 10 à 30 —	0,40 à 0,45	selon leur
— de 30 à 50 —	0,45 à 0,55	état
— de 50 à 100 —	0,55 à 0,60	d'entretien.

Ces nombres ne peuvent pas représenter d'une manière parfaitement exacte le rendement en travail disponible, parce que ce rendement varie avec la construction et aussi avec le soin donné à la conduite et à l'entretien de chaque appareil ; mais ils permettent d'évaluer à peu de chose près la puissance des moteurs que l'on emploie, et l'approximation qu'ils fournissent est tout à fait suffisante pour la pratique.

En admettant, avec tous les constructeurs, l'usage de ces coefficients, rien n'est plus facile que de calculer le travail effectué par une machine connue en une course de piston et par suite, son travail en un temps donné.

297. Vitesse du piston. — Pour une même tension et un même degré de détente de la vapeur, la puissance de la machine *par coup de piston* dépend seulement, comme on vient de le voir, du volume de son cylindre. Il ne s'ensuit pas que ce volume du cylindre détermine la puissance effective de la machine ; et deux machines dont l'une aurait un cylindre, par exemple, trois fois plus grand que celui de l'autre, pourraient être de même force ; il suffirait que celle dont le cylindre est le plus petit donnât, dans le même temps, trois fois plus de coups de piston que l'autre.

On voit qu'il y a un choix à faire entre les machines lentes et les machines rapides. Ce choix soulève une question assez délicate et souvent discutée. Il est essentiel de faire entrer en ligne de compte la *vitesse du piston*.

Cette vitesse du piston est à chaque instant variable, mais on considère seulement ce qu'on appelle la vitesse moyenne ; si, par exemple, le piston fait 80 courses en une minute et que la longueur d'une course soit $0^m,70$, il aura parcouru 56 mètres en une minute et sa vitesse moyenne sera $0^m,933$ par seconde.

Les nécessités d'un service régulier comme celui d'une machine industrielle exigent que la vitesse moyenne du piston ne dépasse pas beaucoup $1^m,50$. Dans la locomotive elle atteint 5 mètres et $3^m,50$ même ; mais les locomotives sont des appareils où tout est sacrifié à la vitesse et ce n'est pas là un exemple à suivre.

Même avec cette restriction, on peut encore avoir des machines très-rapides : car il faut distinguer, au point de vue de la rapidité, entre le nombre de coups de piston par minute et la vitesse moyenne du piston : on a fait des machines donnant jusqu'à 1000 coups doubles de piston par minute tout en conservant une vitesse moyenne assez modérée. Dans une petite machine de M. Flaud de Paris, le piston faisait 700 courses par minute ; mais la course n'était que de $0^m,12$, la vitesse restait de $1^m,40$. Dans une machine de 100 chevaux, destinée à faire mouvoir l'hélice d'une canonnière à vapeur, le piston faisait 1050 courses par minute ; cette course étant de $0^m,08$, la vitesse était encore de $1^m,40$.

Les machines à grande vitesse ont l'avantage d'être beaucoup

moins lourdes et par suite beaucoup moins coûteuses que les autres, parce que tout naturellement, en augmentant le nombre des
coups de piston, on diminue le volume à donner au cylindre pour
atteindre à une même puissance en chevaux : on peut donc faire
les machines beaucoup plus petites. C'est là ce qui explique la
tendance à augmenter la vitesse qui s'est manifestée depuis quelques années. Mais ces machines à mouvement si rapide ont de
graves inconvénients ; elles s'usent vite, le graissage des organes
devient très-difficile et très-coûteux ; le jeu de la détente se fait
mal. En résumé, sauf circonstances exceptionnelles et tout à fait
en dehors des conditions d'un service manufacturier, il est bien
préférable de conserver des vitesses modérées, et de ne pas faire
donner au piston plus de 30 coups par minute.

298. **Enveloppes de vapeur des cylindres.** — Dans toutes les
machines construites avec soin, les cylindres sont entourés par ce
qu'on appelle une *enveloppe ou chemise de vapeur*.

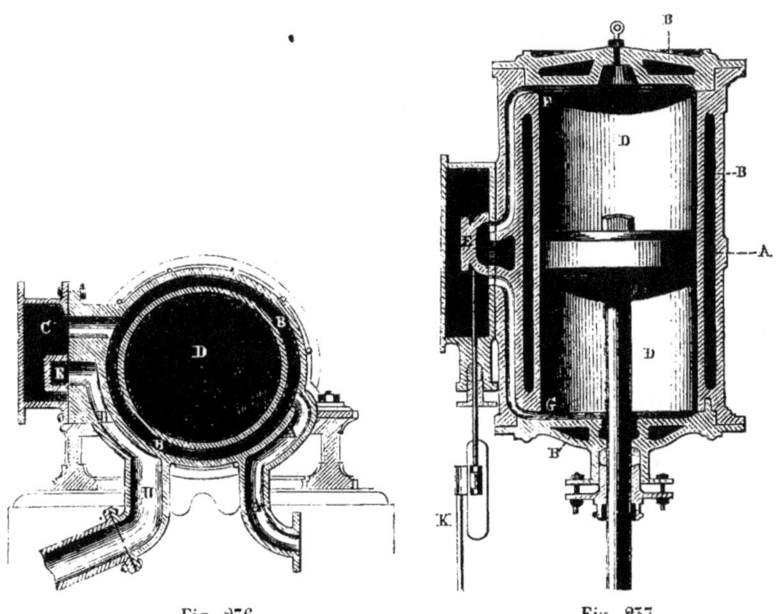

Fig. 256.   Fig. 257.

Les deux figures ci-jointes montrent la disposition du cylindre
et de l'enveloppe dans une machine horizontale, établie par un de

nos meilleurs constructeurs. La vapeur venant de la chaudière par le tuyau A circule dans l'intervalle entre les parois du cylindre et celles d'un autre cylindre plus grand dans lequel il est contenu; ici même, par un raffinement qu'on rencontre assez rarement, elle circule jusque dans l'épaisseur des couvercles du cylindre. De cette enveloppe elle passe dans la boîte à vapeur C; le tiroir E, mis en mouvement par une bielle K, la fait passer alternativement par l'une et par l'autre des deux lumières F et G (par la lumière F dans la figure); puis, après avoir travaillé, elle se rend au condenseur par le conduit H.

L'enveloppe de vapeur a pour utilité de préserver de tout refroidissement les parois du cylindre et de les entretenir constamment à la même température. Cette utilité est évidente, puisque tout refroidissement aura pour effet immédiat une condensation de vapeur et une diminution de pression et de travail sur le piston.

Lorsqu'on n'emploie pas la détente, cette circulation de vapeur est inutile; car une condensation de vapeur dans le cylindre ou une condensation dans l'enveloppe produisent alors des effets équivalents; d'un côté comme de l'autre la vapeur détruite doit être remplacée. Mais il n'en est plus de même pour une machine à détente.

299. C'est Watt qui introduisit l'usage des enveloppes; cette idée a été vivement critiquée à une certaine époque, et beaucoup de constructeurs l'abandonnèrent, se contentant de garantir le cylindre par une enveloppe isolante, en bois, par exemple, et remplie de charbon pilé, ce qui suffit à réduire presque à rien le refroidissement extérieur. Néanmoins, il est maintenant parfaitement démontré que la chemise de vapeur a une véritable utilité au point de vue économique toutes les fois qu'on fait usage de la détente. M. Combes et depuis M. Hirn ont établi par des expériences directes et précises que la même machine pouvait rendre, toutes choses égales d'ailleurs, jusqu'à 15 et 20 pour 100 de travail en plus ou en moins, suivant qu'on faisait circuler la vapeur dans l'enveloppe ou qu'on l'envoyait directement dans le cylindre. On peut regarder le fait comme tout à fait certain.

Nous ne pouvons entrer ici dans des explications détaillées à ce sujet; elles nous entraineraient trop loin, attendu que la détente est accompagnée de circonstances beaucoup plus complexes qu'on ne supposerait au premier abord. Cependant, on sait que lorsqu'on comprime un gaz, il s'échauffe; en refoulant brusquement de l'air dans un cylindre en verre, au fond duquel se trouve un

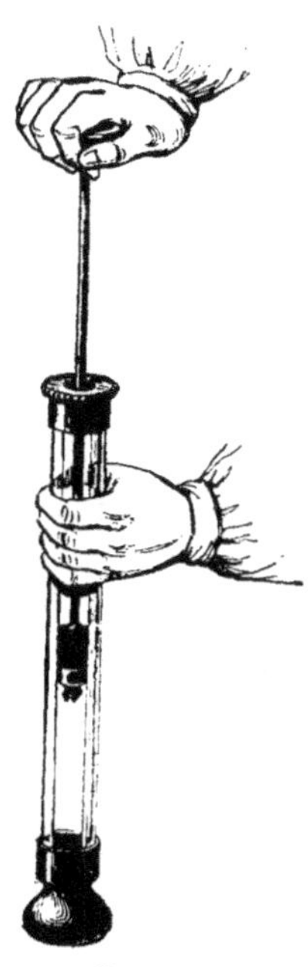

Fig. 258.

morceau d'amadou (fig. 238), on peut produire un échauffement allant jusqu'à l'inflammation de cet amadou. On conçoit donc que, à l'inverse, un gaz ou une vapeur doit se refroidir lorsqu'il peut se dilater librement par suite de l'augmentation de volume du vase qui le contient; et c'est précisément le cas pour la vapeur pendant sa détente. Il se produit alors un refroidissement marqué, naturellement accompagné d'une condensation de vapeur; par suite, il y a diminution de la quantité de travail effectué pendant la détente et diminution du bénéfice résultant de son emploi. De là sans doute l'avantage que l'on trouve à maintenir très-chaudes les parois du cylindre, qui pourront alors fournir à la vapeur qui se détend la chaleur qui lui est nécessaire. Il y a plus que compensation entre la consommation de vapeur condensée dans l'enveloppe et le surcroît de travail obtenu.

500. Machine de Woolf. — Nous avons montré précédemment tout l'avantage considérable qui résulte de l'emploi de la détente; mais cet emploi présente un inconvénient; il donne lieu à une irrégularité notable dans la production de travail. Il est évident, en effet, en se reportant à l'exemple considéré précédemment où la vapeur travaille à la détente 1/2, que la quantité de travail effectuée pendant la première moitié de la course du piston est beaucoup plus grande que la quantité de travail produite pendant la seconde moitié; et plus la détente sera prolongée, plus cette irrégularité sera marquée. Au moment où la marche du piston change de sens, il éprouve une vive secousse, due à l'effort considérable qu'il éprouve alors relativement à celui qu'il éprouvait à la fin de la détente. Il en résulte que la force vive de la machine, et par conséquent sa vitesse, sont soumises aussi à des irrégularités périodiques assez sensibles pour qu'il y ait certaines industries, comme, par exemple, la filature, pour lesquelles il soit très-difficile d'employer avantageusement ce genre de machines.

C'est en vue d'éviter ce grave défaut qu'on a imaginé d'employer deux cylindres ; la vapeur travaille d'abord à pleine pression dans l'un pour passer ensuite dans l'autre et s'y détendre. Par cette disposition, on obtient une régularité d'action beaucoup plus grande. Disons d'abord comment les choses se passent ; nous verrons ensuite à quoi tient cette amélioration.

Une machine de Woolf diffère assez notablement d'aspect d'une machine simple. Il y a, comme nous venons de le dire, deux cylindres inégaux, juxtaposés l'un près de l'autre (fig. 245), et deux pistons marchant d'accord et actionnant le même balancier, car presque toutes les machines de Woolf sont des machines à balancier ; un même parallélogramme sert à les relier tous deux à la fois ; les deux têtes étant fixées aux deux points à mouvement rectiligne (177) : le reste de la machine ne présente rien de particulier.

C'est le petit cylindre qui reçoit directement la vapeur de la chaudière, et ordinairement cette vapeur y travaille sans détente ou avec peu de détente. Supposons, pour fixer les idées, qu'elle y travaille sans détente. Lorsque le piston est arrivé, par exemple, à l'extrémité inférieure du petit cylindre, la lumière s'ouvre pour l'échappement ; mais au lieu de se rendre dans le condenseur, la vapeur se rend dans le grand cylindre, en dessous du piston qui est lui-même au bas de sa course ; toute la vapeur qui remplissait le petit cylindre y passe graduellement à mesure que le petit piston remonte ; elle s'y détend en produisant du travail, et à la fin de sa course ascendante elle remplit le grand cylindre. Le degré de détente se trouve ainsi marqué par le rapport des volumes des deux cylindres, si l'un est 4 fois plus grand que l'autre, la vapeur se détend de manière à remplir un espace quadruple de celui qu'elle occupait d'abord, le degré de détente est $1/4$, comme s'il n'y avait qu'un seul cylindre et que l'introduction fut coupée au quart de la course.

501. La quantité de travail produite est aussi absolument la même ; et à ce sujet, quand on examine la manière dont ce travail est produit, il se présente à l'esprit une petite difficulté. Lorsque la vapeur, après avoir travaillé dans le petit cylindre, passe dans

le grand, expulsée, pour ainsi dire par le mouvement rétrograde du petit piston, elle presse à la fois le grand piston en produisant du travail moteur, et le petit en produisant du travail résistant ; car elle exerce sur ce dernier une pression en sens contraire de son mouvement, une véritable contre-pression. Il faut bien voir que cette contre-pression ne gène rien et ne fait point perdre de travail. C'est que, si le petit piston, obligé de chasser devant lui la vapeur qui se rend sous le grand, éprouve une contre-pression, il comprime cette vapeur et il augmente par là son effet sur le grand piston ; et le surcroît de travail moteur ainsi obtenu fait précisément compensation au travail résistant effectué par la contre-pression. Aussi, la quantité de travail produite est absolument la même que dans une machine à un seul cylindre, où le degré de détente serait marqué par le rapport de volume entre les deux cylindres *.

502. Il est maintenant facile de voir d'où vient que la production de travail subit des inégalités beaucoup moins marquées dans la machine à deux cylindres que dans la machine simple, à égal degré de détente. C'est que dans la machine de Woolf, à chaque course commune des deux pistons, il se produit à la fois du travail par pleine pression dans le petit cylindre, et du travail par

---

* C'est encore ce qu'on peut voir comme il suit d'une manière plus précise. Soit 4 le rapport de volume des cylindres. Imaginons que le petit piston étant arrivé au bas de sa course y reste immobile, tandis que la vapeur se détend en agissant sous le grand piston. Puisque cette vapeur envahit un espace quadruple de celui qu'elle occupait déjà, son volume devient 5 fois plus grand, et tout se passe comme dans un seul cylindre avec la détente 1/5 : *ob* représentant la pleine pression et *oc* la course du petit piston, le travail moteur effectué sera représenté par la

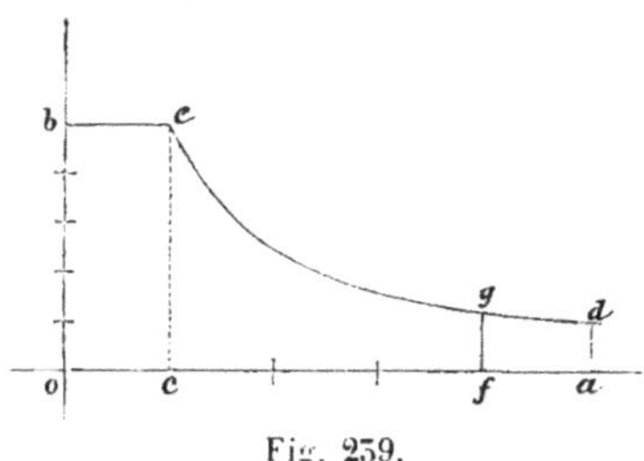

Fig. 259.

surface *boade*, *oa* étant 5 fois *oc*, et où *ad* étant le cinquième de *ce*. Maintenant supposons que le petit piston effectue sa course rétrograde en comprimant la vapeur ; la contre-pression qui dans la réalité des faits se produit pendant la détente se produira alors de la même façon, et quand le petit piston aura terminé sa course, la vapeur occupera seulement un volume quadruple de son volume primitif, remplissant seulement le grand cylindre. Cette contre-pression effectuera un travail résistant qui sera évidemment représenté par *adgf*. Ainsi le travail disponible sera *obgf*, c'est-à-dire celui qui serait effectué naturellement dans un seul cylindre à la détente 1/4.

détente dans le grand ; de sorte que tout se passe comme s'il y avait deux machines simples transmettant leur travail au même arbre, et réglées de manière que la période de détente de l'une coïncidât avec la période de pleine pression de l'autre et réciproquement. Avec une détente 1/8, la pression totale agissant à la fois sur les deux pistons n'est pas diminuée de moitié à la fin de la course, tandis qu'elle serait naturellement réduite au huitième s'il n'y avait qu'un seul cylindre.

Le mouvement donné par une machine à deux cylindres est donc beaucoup plus régulier que le mouvement produit par une machine simple ; ou, pour parler plus exactement, il est beaucoup plus facile de le faire arriver au même degré de régularité. Voilà pourquoi les filatures emploient presque exclusivement la machine de Woolf ; tandis qu'on préfère la machine simple à grande détente, qui est moins coûteuse, dans les industries bien plus nombreuses où les variations dans la marche, qu'on peut, d'ailleurs, toujours maitriser au moyen d'un fort volant, ne nuisent pas au travail. Comme consommation de vapeur, par conséquent comme économie, il n'y a pas de différence, et évidemment il doit en être ainsi d'après ce qui précède.

DISTRIBUTION DE VAPEUR.

503. Comme nous l'avons dit, la distribution de vapeur se compose de l'ensemble des organes qui concourent à introduire la vapeur dans le cylindre au moment précis où elle doit être admise, à arrêter son introduction lorsqu'elle est suffisante, et enfin à ouvrir une issue à la vapeur qui a travaillé, pour qu'elle ne gène pas l'effet de la nouvelle charge de vapeur à introduire. L'appareil de distribution a reçu plusieurs formes ; nous nous contenterons ici de décrire la disposition la plus simple qui est du reste maintenant presque la seule en usage.

504. **Tiroir.** — Sur un des côtés du cylindre est disposée une face plane AA, ou table parfaitement dressée à la machine à raboter. On appelle ainsi une machine-outil, dont les dispositions varient, mais dont la partie essentielle est toujours un burin d'acier, animé d'un mouvement de va-et-vient rectiligne et dont l'extrémité tranchante enlève un copeau de métal à chaque passe ;

l'outil s'avance transversalement d'une quantité égale à la largeur du copeau, et l'ensemble de ces espèces de sillons forme une surface parfaitement plane.

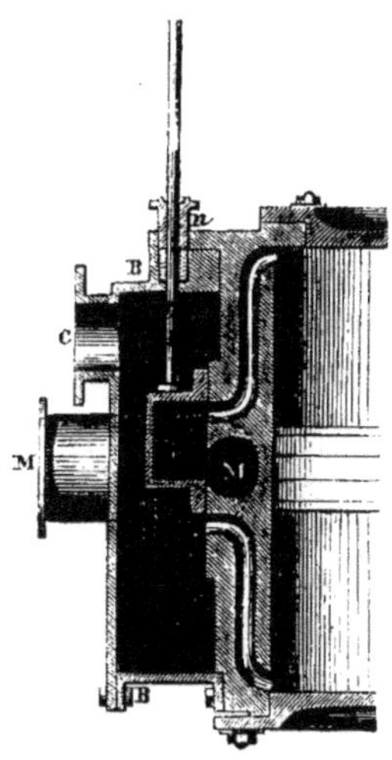

Fig. 240.

Sur cette table aboutissent les deux *lumières* ou conduits d'introduction de vapeur et le conduit d'échappement dont l'orifice M est entre les deux autres : elle forme l'une des parois d'une sorte de caisse BB dite *chambre à vapeur* ou *boîte à vapeur* qui est en communication constante avec la chaudière par le conduit C ; et les lumières sont recouvertes par une pièce concave N nommée *tiroir*, dont l'intérieur est en communication constante avec le conduit d'échappement de vapeur MM. Ce tiroir est une sorte de boîte sans couvercle dont les bords ou *bandes* sont appliqués sur la table des lumières et sont assez exactement dressés pour ne laisser aucun passage par où la vapeur qui l'environne puisse y pénétrer directement. Sa longueur est telle que, recouvrant toujours l'orifice d'échappement, il puisse, dans un mouvement de va-et-vient, recouvrir soit l'une, soit l'autre des deux lumières d'introduction ; la vapeur affluant de la chaudière peut alors entrer librement dans le cylindre par celle qui est découverte, tandis que l'autre se trouve, par le creux du tiroir, mise en communication avec l'extérieur. Le mouvement alternatif est produit par un excentrique calé sur l'arbre du volant, et dont le collier se relie au tiroir par une tige qui traverse la paroi de la chambre à vapeur dans une boîte à étoupe *n* ; le tiroir est donc mis en mouvement par le piston lui-même. Mais les deux mouvements alternatifs doivent avoir entre eux une relation convenable, comme nous devons l'expliquer.

505. Tiroir sans recouvrement. — Supposons d'abord que les bandes du tiroir aient juste la largeur des lumières, de sorte qu'elles puissent les masquer en même temps toutes deux comme l'indique la figure 241 ; et examinons comment les choses doivent se passer pendant une course du piston.

Soit ce piston à une des extrémités A du cylindre ; il doit commencer à marcher de A en B. Par conséquent la lumière A, ouverte jusqu'à présent pour l'échappement, doit commencer à s'ouvrir pour l'introduction ; c'est-à-dire que le tiroir doit être, comme il est figuré, au milieu de sa course (*position* 1), masquant les deux

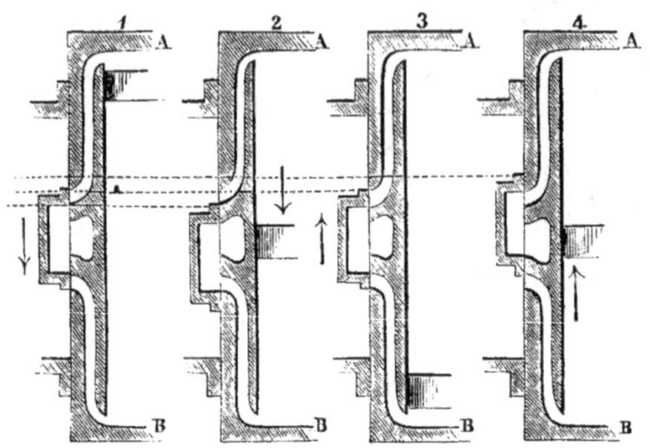

Fig. 241.

lumières à la fois et marchant déjà dans le sens du mouvement que doit prendre le piston, afin d'ouvrir la lumière A à l'introduction et la lumière B à l'échappement. Quand le piston, poussé par la vapeur qui afflue en A, sera arrivé au milieu de sa course (*position* 2), le tiroir, ayant jusqu'alors marché dans le même sens que lui, devra être arrivé à la limite inférieure de son excursion, la lumière A étant complétement démasquée pour l'introduction tandis que l'autre est complétement ouverte à l'échappement. A partir de là, tandis que le piston achèvera sa course vers B, le tiroir remontera de manière à venir fermer complétement la lumière A à l'introduction (*position* 3), lorsque le piston sera arrivé en B. Renversant alors la marche de la vapeur, le tiroir démasquera la lumière B à l'introduction et ouvrira A à l'échappement, et lorsque le piston, marchant de B vers A, sera au milieu de sa course (*position* 4) le tiroir sera à l'extrémité supérieure de la sienne et commencera à redescendre pour revenir à la position 1 quand le piston sera lui-même revenu en A.

Ainsi le mouvement du tiroir doit en quelque sorte devancer celui du piston, le tiroir étant déjà au milieu de sa course dans un sens quand le piston commence à marcher dans ce sens, et commençant à rétrograder lorsque celui-ci est au milieu de la longueur du cylindre.

306. Or il est très-facile de réaliser deux mouvements offrant pareille relation. Il suffit de disposer sur un même axe deux manivelles oa et oa' à angle droit et de les employer à produire deux mouvements alternatifs de même direction au moyen de bielles ab

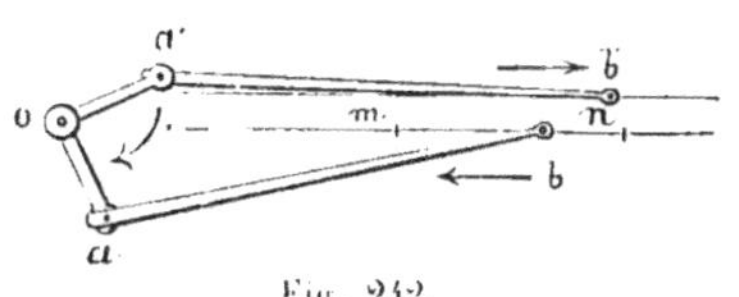

Fig. 242.

et $a'b'$, dont les boutons b et b' reposent sur deux droites parallèles et voisines. Si, pour rendre les choses plus évidentes, on a pris les manivelles et les bielles égales, les deux mouvements des boutons b et b' auront même amplitude m, n ; et on verra clairement que le mouvement du bouton b, lié à celle des deux manivelles qui précède l'autre dans le mouvement de rotation, est justement celui que doit avoir le tiroir, en supposant que le mouvement de b' soit celui du piston.

Si donc effectivement $a'b'$ est une bielle liée à la tige du piston, selon la disposition adoptée pour les machines sans balancier (fig. 243) o sera l'arbre du volant et une manivelle oa perpendicu-

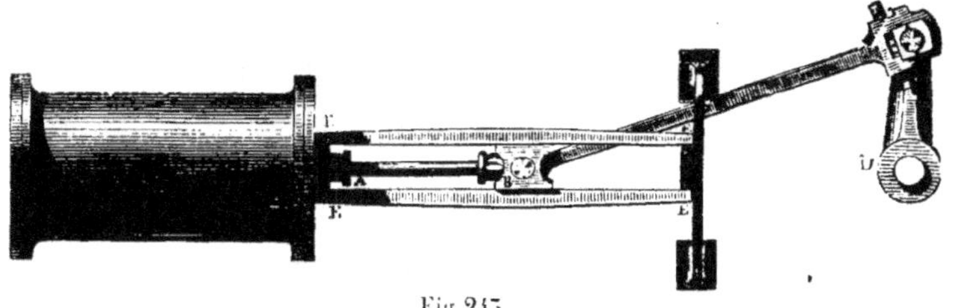

Fig. 243.

laire sur la manivelle motrice donnera au tiroir le mouvement convenable. Habituellement, au lieu d'employer pour le mouvement du tiroir une manivelle proprement dite, on lui donne la forme d'un excentrique calé sur l'arbre o ; nous avons déjà dit que d'une manivelle à un excentrique il n'y a de différence que dans la forme (173) *.

* Dans une machine à balancier l'excentrique du tiroir doit être calé non perpendiculairement à la manivelle motrice, mais à l'opposé de cette manivelle. Cela tient à ce que la bielle motrice se meut dans le sens vertical tandis que la

307. Tiroir à recouvrement ou à détente. — Avec un tiroir construit comme nous venons de le dire, c'est-à-dire dont les bandes ont justement la même largeur que les lumières, on arrive à opérer la distribution : mais le travail a lieu sans détente ; la vapeur ne cesse d'arriver sur une des faces du piston qu'à l'instant même où elle commence à arriver sur l'autre. En raison des avantages qu'il y a à employer la détente, on a dû chercher à modifier cette forme primitive du tiroir ; la disposition la plus simple est celle qui a été imaginée par M. Clapeyron. Elle consiste à faire simplement les bandes du tiroir plus larges que les lumières, ou, comme on dit, à leur donner du *recouvrement*.

Il est facile de voir en effet ce qui résultera de la présence de ce recouvrement en suivant, comme nous avons fait plus haut, les mouvements simultanés du tiroir et du piston pendant une allée et venue de ce dernier, c'est-à-dire pendant toute la durée du séjour dans le cylindre d'une charge de vapeur. Supposons le piston en A, et commençant à descendre (fig. 244), évidemment il faut que la

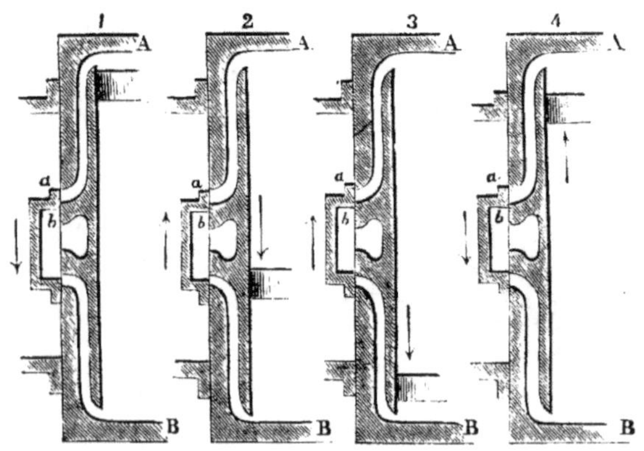

Fig. 244.

lumière A soit prête à s'ouvrir pour l'introduction : ainsi, lorsque le piston est en A (*position* 1), le bord extérieur *a* du recouvrement doit être au bord extérieur de la lumière A ; le tiroir descend, et puisque *ab* est plus large que la lumière, il a déjà dépassé la position moyenne. — Le tiroir achèvera son excursion descendante, puis il

bielle du tiroir se meut dans le sens horizontal, et il est très-facile de voir que la relation des deux mouvements est toujours celle que nous avons dite.

remontera, la lumière A restant toujours ouverte à l'introduction jusqu'à ce que le bord *a* revienne au point où il était tout à l'heure (*position* 2). Pendant l'intervalle de temps qui sépare les deux positions 1 et 2, le piston partant de A n'a pu arriver au bas de sa course, car le tiroir a franchi deux fois, en descendant d'abord puis en montant, une longueur moindre que la moitié de sa course ; le piston est donc comme il est figuré en un certain point de la longueur du cylindre ; à ce moment l'introduction de vapeur cesse. Le tiroir en remontant passera de la position 2 à la position 3 où, le bord intérieur de la bande atteignant le bord intérieur de la lumière, l'échappement commencera par cette lumière ; dans l'intervalle il y a eu détente de la vapeur précédemment introduite ; à ce moment le piston n'est pas encore tout à fait au bout de sa course. —Pendant le temps que le tiroir achèvera sa course montante et redescendra (*position* 4) au point où il était dans la position 3, l'échappement restera ouvert, le piston ayant achevé de descendre et revenant vers le point A. Mais lorsque l'échappement se fermera, le piston ne sera pas encore en A et par conséquent, pendant qu'il achèvera sa course montante pour revenir ainsi que le tiroir à la position 1, il devra refouler, en la comprimant, la vapeur non encore complétement expulsée du cylindre. Ainsi, par le seul fait de la présence d'un recouvrement, le séjour d'une charge de vapeur dans le cylindre se trouve partagé en quatre périodes :

entre les positions 1 et 2 il y a admission de vapeur.
     —   2 et 3   —   détente.
     —   3 et 4   —   échappement.
     —   4 et 1   —   compression.

Nous avons dit précédemment que lorsque l'excentrique du tiroir est à 90° de la manivelle motrice, le tiroir est justement dans sa position moyenne quand le piston commence sa course. Ici donc où il doit avoir déjà dépassé cette position, l'*angle de calage* de l'excentrique devra surpasser 90° et d'autant plus que le recouvrement sera plus large : on lui donne ordinairement de 120 à 125 degrés : le tiroir est toujours en avance sur le piston de plus d'une demi-course.

308. Outre la production d'une période de détente, il y a lieu de remarquer là deux faits importants.

D'abord, dans la position 3 le piston n'est pas encore en B, c'est-à-dire que l'échappement commence en A avant que le piston ait achevé sa course; il y a une *avance à l'échappement*. Cette avance a pour résultat de diminuer un peu le travail effectué par la vapeur précédemment introduite; mais aussi elle diminuera la contre-pression de cette vapeur pendant le retour du piston, ce qu angmentera le travail produit par la charge suivante. En somme, il se trouve qu'il y a plus que compensation; cette avance est un avantage et non un inconvénient.

Par une raison analogue, il y a avantage et non inconvénient à la compression qui a lieu après l'échappement. Quand il n'y a pas de recouvrement, la vapeur qui se présente à l'admission doit commencer par remplir les lumières et l'intervalle qui reste toujours entre le piston et le fond du cylindre, et c'est ensuite seulement qu'elle agit sur le piston, lequel pendant ce temps marche toujours entraîné par la force vive de la machine; il y a là une cause de perte de travail au commencement de la course. Au contraire, quand l'échappement se trouve fermé d'avance, la compression de la vapeur restante en remplit cet espace nuisible, la vapeur affluant de la chaudière peut agir dès l'ouverture de l'admission, et le surcroit de travail moteur compense alors et au delà le travail résistant de la contre-pression.

Cela est si vrai, qu'on trouve avantage à augmenter encore cette contre-pression en donnant ce qu'on appelle de l'*avance à l'admission*. On ne se contente pas de laisser le piston refouler une partie de la vapeur sortante; on en fait arriver de nouvelle en augmentant encore un peu l'angle de calage de l'excentrique, de manière à ce que dans la position 1, lorsque le piston est en A, le bord extérieur *a* du recouvrement ait déjà un peu dépassé (de 2 à 3 millimètres) le bord extérieur de la lumière; la vapeur commence donc à entrer par cette lumière et à remplir l'espace nuisible avant que le piston ait achevé son mouvement de retour. Par là on augmente la quantité de travail produite au commencement de la course suivante, et en même temps on évite tout choc du piston contre les fonds des cylindres. Dans les machines rapides cette pratique, universellement adoptée du reste, a de grands avantages, et on fait l'avance à l'admission d'autant plus grande que la machine est plus rapide.

509. Cet appareil de distribution, le plus simple de tous, est aussi le plus employé. Cependant il ne peut fournir une détente prolongée au delà de la moitié de la course du piston ; et quand on veut aller plus loin il devient nécessaire d'employer des appareils spéciaux, dans le détail desquels il nous est impossible d'entrer. Dans les uns l'excentrique ordinaire (fig. 144) est remplacé par un autre de forme différente, ne se mouvant plus dans un collier circulaire et du même genre que celui qui est représenté dans la figure 145 ; on peut obtenir ainsi que le tiroir ouvre et ferme les lumières en temps convenable. Dans les autres, et ce sont les plus parfaits, il y a un tiroir simple distribuant la vapeur et fournissant l'avance à l'échappement, tandis qu'un autre appareil règle la durée de la période d'admission en ouvrant et interceptant aux moments convenables la communication de la boîte à vapeur avec la chaudière. Souvent ces appareils sont disposés de manière à ce qu'on puisse agir sur eux et changer le degré de détente, même sans arrêter la machine ; on les désigne alors sous le nom de système de distribution *à détente variable à la marche*.

510. Il est utile à ce propos de remarquer que pour un même tiroir à recouvrement l'étendue de la période de détente dépend de l'amplitude de sa course totale. En effet, la durée de cette course est toujours la même, quelle que soit son amplitude ; elle a la même durée que le mouvement du piston qui la produit ; elle sera donc d'autant plus lente qu'elle sera plus courte. Or la durée de la période de détente, c'est-à-dire l'intervalle de temps qui sépare les positions 2 et 3 (fig. 244), est justement égale à l'intervalle de temps que met le tiroir à parcourir une longueur égale au recouvrement. Donc, plus la course sera lente, plus la durée de ce parcours sera grande. En diminuant la course du tiroir on augmente le degré de détente obtenu.

C'est là un fait important ; c'est en mettant à profit cette remarque qu'on fait varier dans les machines locomotives le degré de détente en raison de la quantité de travail nécessaire. La tige du tiroir est directement liée à une pièce, qu'on appelle la *coulisse*, et dont les différents points ont des mouvements de va-et-vient d'amplitudes inégales ; de sorte qu'en faisant changer le point d'attache on fait varier la détente. — Par exemple sur une locomotive du chemin du Nord, en donnant au tiroir une course de 128 millimètres, la période d'admission était 0,74, et la période de détente 0,20 de la durée totale de la course du piston ; en réduisant la course du tiroir à 84 millimètres, la période d'admission devenait 0,13 et la détente 0,45 de cette même durée.

311. Changement de marche. — Dans un grand nombre de cas, et notamment dans les machines de locomotives, dans celles qui font mouvoir les roues ou les hélices des bateaux à vapeurs, dans les machines d'extraction sur les mines, c'est-à-dire celles qui agissent sur les treuils employés à l'extraction des minerais ou des houilles, il est nécessaire qu'on puisse à volonté changer le sens du mouvement de rotation produit. C'est évidemment en agissant sur l'appareil de distribution qu'on pourra opérer une pareille manœuvre, c'est ce qu'on appelle *renverser la vapeur*.

Considérons le piston dans sa position moyenne (*position 2*, fig. 241) ; à ce moment le tiroir, que pour plus de simplicité dans le langage nous supposerons sans recouvrement, est à l'une des extrémités de sa course, ici à l'extrémité inférieure ; la vapeur affluant par la lumière d'en haut, le piston descend. Que par une manœuvre subite on pousse le tiroir jusqu'en haut, dans la position 4, le jeu de la vapeur sera renversé ; elle affluera par en bas ; fera rebrousser chemin au piston sans lui laisser achever sa course descendante ; le sens de la rotation produite changera.

Dans les machines lentes, comme les machines d'extraction sur les mines, c'est à la main que s'opère cette manœuvre ; la tige t du tiroir est liée à la bielle b de l'excentrique par un bouton saillant u qui s'engage dans une encoche pratiquée au bout de cette bielle ; elle participe ainsi au mouvement de va-et-vient horizontal produit par l'excentrique. Mais au moyen d'un levier om et d'une bielle courte p, on pourrait à la main donner au tiroir son mouvement. Pour renverser la vapeur, le mécanicien attend que le tiroir soit à une des extrémités de sa course, la tige t et la bielle b étant en ligne droite, il

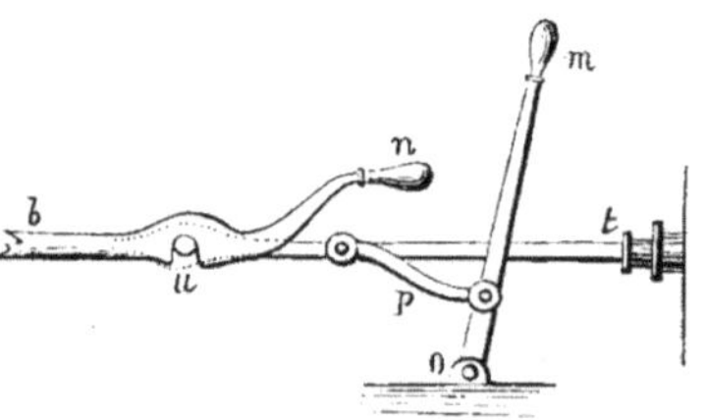

Fig. 243.

est par exemple à fond de course à droite ; alors d'une main il soulève la bielle par la manette n, la détachant ainsi du tiroir, de l'autre il pousse vivement vers la gauche le levier *mo* et en même temps le tiroir ; la vapeur est renversée. Le bouton *u* se trouve alors à gauche de l'encoche ; mais le mouvement continuant, la bielle revient vers la gauche et le mécanicien la laisse retomber lorsque l'encoche est au-dessus du bouton *u*.

312. Coulisse de Stephenson. — Dans les machines à mouvement rapide comme les locomotives ou les machines des bateaux à hélice, dans lesquelles le piston et par suite le tiroir font souvent 150 et 200 courses par minute, une pareille manœuvre serait évidemment impossible et alors on s'y prend autrement. Comme nous l'avons dit, le tiroir doit être mis en mouvement par un excentrique calé à 90° (ou environ) en avance sur la manivelle motrice ; par conséquent en changeant le sens du mouvement de rotation de cette manivelle, il faudrait changer le calage de l'excentrique afin de le transporter de l'autre côté de cette manivelle à égale distance angulaire, ce qui est visiblement impossible. Alors on établit deux excentriques, ainsi placés symétriquement par rapport à la manivelle ; quel que soit celui de ces deux excentriques qu'on emploie pour donner le mouvement au tiroir, le sens de la rotation s'établira toujours de manière à ce que cet excentrique précède la manivelle. L'un d'eux fournira donc le mouvement dans un sens, et l'autre le mouvement dans l'autre sens.

La figure 246 représente cette disposition telle qu'elle est em-

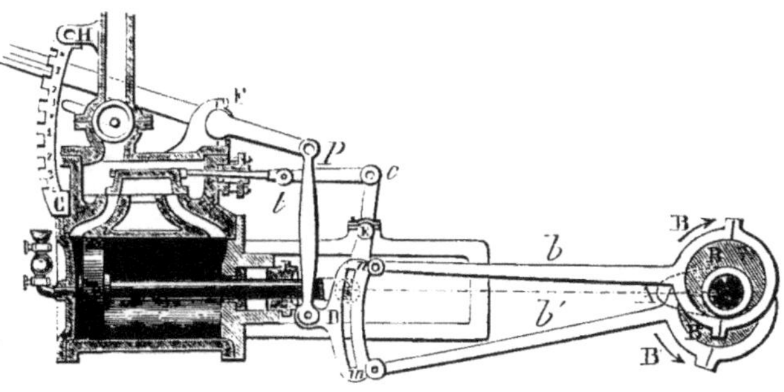

Fig. 246.

ployée sur les locomotives et les machines de bateaux. La tige du piston agit sur la manivelle *o*A et produit la rotation de l'arbre *o*, qui sera l'essieu des roues motrices s'il s'agit d'une machine de

locomotive. Sur cet axe o sont calés deux excentriques B et B',
placés symétriquement par rapport à la manivelle Ao. La tige t du
tiroir est reliée aux excentriques par le levier CD mobile autour
du point fixe E ; un bouton D vient s'engager dans une pièce mn
formant coulisse, qui réunit les extrémités des deux bielles b et b' ;
au moyen d'un levier pq, mobile autour de F, on peut relever ou
abaisser cette coulisse avec les bielles b et b' et par conséquent
faire en sorte que le bouton D se trouve, ou bien en n conduit par
l'excentrique B, ou bien en m conduit par l'excentrique B' ; dans
l'une des positions l'axe o tournera dans le sens de la flèche B,
dans l'autre il tournera dans le sens de la flèche B'. La manœuvre
devient ainsi praticable, quelle que soit la rapidité du mouvement.

513. Cette pièce mn, qu'on désigne sous le nom de *coulisse de
Stephenson*, du nom de l'ingénieur anglais qui l'a le premier appliquée, présente encore une autre utilité que celle de permettre le
changement de marche. Comme nous l'avons dit plus haut, en faisant varier l'étendue de la course du tiroir on fait varier le degré
de détente auquel travaille la vapeur. Or, les deux excentriques
B et B' étant à peu près opposés l'un à l'autre, les deux points n et
m ont des mouvements alternatifs presque exactement contraires,
l'un allant vers la droite quand l'autre marche vers la gauche et
réciproquement. Il en résulte que la pièce mn est animée d'une
sorte de mouvement oscillatoire autour de son milieu, et ses différents points ont des mouvements dont l'étendue diminue avec
leur distance à ce milieu. Si donc, au lieu de relever ou d'abaisser
la coulisse jusqu'à l'une de ses positions extrêmes, on la fixe dans
une position intermédiaire, le bouton D pourra avoir, s'il est du
côté de n, un mouvement concordant avec celui de la bielle b, produisant la marche dans le sens de la flèche B avec une plus forte
détente, ou bien un mouvement concordant avec celui de b' s'il
est du côté de m. La coulisse fournit ainsi un système très-simple
de détente variable. A cet effet le levier $p\,q$, dit *levier de relevage*
porte un verrou qu'on peut engager dans les crans d'un secteur
fixe GH : les crans d'en haut fournissent la marche dans le sens de
la flèche B avec divers degrés de détente et les crans d'en bas
fournissent la marche dans l'autre sens.

Sur les locomotives où, forcément, le mécanicien est assez

éloigné de la coulisse et du cylindre, la disposition des leviers qui agissent sur la coulisse n'est pas celle que nous figurons ici et le levier de relevage agit par l'intermédiaire d'une longue tringle sur la branche à peu près verticale d'un levier coudé dont l'autre branche supporte la coulisse.

Il faut remarquer, du reste, que c'est toujours une manœuvre assez pénible que le changement de marche, à cause de la pression que la vapeur exerce sur le tiroir. Soit, en effet évaluée à sept atmosphères la tension de la vapeur, et sur les locomotives on va souvent au delà : soit 500 centimètres carrés la surface du tiroir, il supportera une pression effective de $1^k,033.6.500$ ou 3100 kilogrammes ; si on évalue à 0,1 le coefficient de frottement, il faudra un effort de 310 kilogrammes pour déplacer le tiroir. Il y a là un véritable inconvénient, surtout lorsque la manœuvre doit être exécutée rapidement.

314. Distribution dans les machines à deux cylindres. — Comme les machines à deux cylindres sont très-souvent employées, il est bon d'avoir une idée précise de la manière dont la distribution de vapeur s'y effectue. La figure 247 représente à cet effet une vue extérieure d'ensemble des deux cylindres vus du côté où se

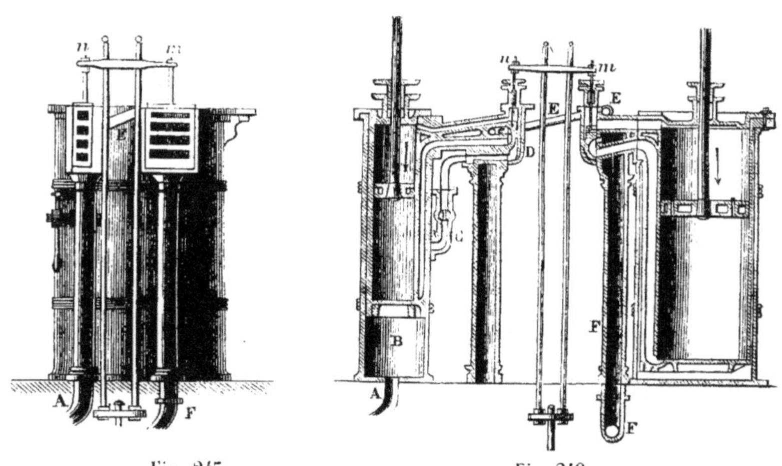

Fig. 247.   Fig. 248.

trouve l'appareil de distribution ; la figure 248 les représente en coupe ; seulement afin de pouvoir les représenter à la fois tous les deux, en montrant en même temps le mécanisme commun qui met en mouvement les deux tiroirs, nous avons supposé dans cette figure les deux cylindres écartés et tournés vis-à-vis l'un de l'autre au lieu d'être juxtaposés parallèlement ; les deux tiroirs se meuvent alors dans des plans parallèles entre les cylindres au lieu de se mouvoir dans un même plan latéral. Ainsi que nous l'avons dit (301) la vapeur arrive d'abord dans le petit cylindre, puis elle passe de là dans l'autre pour s'y détendre ou achever de s'y détendre. Cette vapeur arrive donc par le tuyau A dans l'enveloppe B des cylindres, et de là par le tuyau C dans la boîte à vapeur D. Là, un tiroir opère la distribution comme à l'ordinaire ; mais l'échappement se fait par un tuyau E qui aboutit dans la boîte à vapeur de l'autre cylindre. La distribution s'y fait simplement et le tuyau d'échappement F conduit la vapeur au condenseur. Quant aux deux tiroirs, il est clair que leurs mouvements doivent concorder pour que les deux pistons puissent avoir une action commune; par exemple, dans notre figure la vapeur agit sur la face supérieure du petit piston et le fait descendre; il est presque au milieu de sa course, le tiroir doit donc être presque au bas de la sienne. La vapeur arrivant dans le grand cylindre par le conduit E doit presser également sur la face supérieure du grand piston ; son tiroir doit donc aussi descendre encore. C'est pour cela que les tiges des deux tiroirs se trouvent mises en mouvement à la fois au moyen d'une seule traverse *mn*, qui reçoit elle-même, de l'excentrique, un mouvement alternatif dans le sens vertical par l'intermédiaire de tiges.

Très-souvent, dans les machines à deux cylindres, les tiroirs sont tous deux des tiroirs sans recouvrement, opérant seulement la distribution ; et, lorsque le petit piston reçoit ainsi l'action de la vapeur à pleine pression pendant sa course entière, le travail définitif de la vapeur s'opère, ainsi que nous l'avons expliqué, avec une détente marquée par le rapport des volumes des deux cylindres. Afin d'obtenir des détentes plus prolongées, on interrompt l'introduction de vapeur dans le petit cylindre avant que le piston soit au bout de sa course; en d'autres termes, on fait commencer la détente dans le petit cylindre : c'est alors par un organe spécial qu'on interrompt et qu'on rétablit, en temps convenable, la communication entre la boîte à vapeur du petit cylindre et la chaudière ; ainsi, dans notre figure, cet organe faisant office de robinet, serait placé sur le tuyau C et manœuvré par une sorte de came spéciale.

APPAREIL DE CONDENSATION.

315. Au sortir du cylindre la vapeur se rend soit dans l'atmosphère, soit dans une capacité particulière, où elle se condense au contact de l'eau froide. L'appareil de condensation comprend trois partiés ; le condenseur proprement dit ; une bâche ou cuve dans laquelle il aspire l'eau, avec la *pompe de puits* qui entretient cette bâche pleine ; enfin la pompe, dite *pompe à air*, qui extrait du condenseur l'eau échauffée par le fait même de la condensation.

316. **Condenseur**. — Le condenseur est une capacité de forme quelconque, très-hermétiquement fermée ; on le fait généralement en fonte, présentant seulement le nombre d'ouvertures strictement nécessaire. En raison de la basse température qu'on y entretient, la pression y est très-inférieure à la pression atmosphérique, elle est moyennement six à sept fois moindre ; par conséquent, il suffit de faire plonger dans une bâche d'eau froide un tube pénétrant dans le condenseur pour que la pression atmosphérique y produise une injection continue. C'est ordinairement ainsi que les choses sont disposées : le tube est terminé à l'intérieur en crépine ou pomme d'arrosoir pour diviser le jet et multiplier les points de contact de l'eau froide et de la vapeur. Quand le niveau naturel de l'eau dans le puits ne se trouve pas à plus de 5 ou 6 mètres de profondeur, le tube d'injection peut aspirer directement l'eau dans le puits ; sinon il faut une *pompe de puits*, amenant d'abord l'eau dans une bâche pour y être ensuite aspirée ; mais il n'y a pas toujours une pompe de puits, et toutes les fois qu'on peut s'en passer on le fait, en évitant par là toute la consommation de travail que ferait cette pompe.

La quantité d'eau à injecter dépend naturellement de la quantité de vapeur à condenser ; pour une machine à moyenne pression en bon état, on peut admettre qu'il faut injecter 10 à 12 litres d'eau à la température ordinaire de 15° environ par minute et par force de cheval ; pour une machine de cinquante chevaux il faudra de 5 à 6 hectolitres d'eau par minute. On entretiendra ainsi la température aux environs de 45° ; la pression de la vapeur serait alors 0,1 atmosphère dans le condenseur si la condensation était toujours complète.

517. Cette pression de la vapeur se trouve toujours augmentée notablement à cause de l'air qui s'y trouve mêlé. Cet air arrive avec l'eau d'injection, qui en contient à l'état de dissolution un volume qui varie avec les circonstances de $\frac{1}{12}$ à $\frac{1}{25}$ de son propre volume ; sous l'influence de la chaleur et de la diminution de pression, cet air reprend l'état gazeux : de plus, les masticages de la machine et les boîtes à étoupes en laissent toujours entrer une certaine quantité, qui arrive au condenseur en même temps que la vapeur. Sa présence a le double inconvénient d'enlever au condenseur une partie de son efficacité en augmentant la contre-pression dans le cylindre et en même temps de rendre plus difficile la condensation de la vapeur.

La *pompe à air* a pour fonction d'enlever l'eau échauffée et en même temps l'air qui s'y trouve mêlé ; elle est donc placée près du condenseur. C'est souvent une pompe élévatoire, c'est-à-dire une pompe foulante (182) à simple effet, tantôt disposée comme l'indique la figure 157 et avec un clapet (fig. 155), tantôt disposée comme l'indique la figure 156 et avec un piston plein, la soupape de refoulement étant placée à l'entrée du tuyau d'émission au lieu d'être sur le piston.

Les deux figures 249 et 250 représentent deux coupes, faites suivant des plans perpendiculaires, dans un appareil de condensation. Le condenseur proprement dit est la chambre A, où aboutissent à l'encontre l'un de l'autre le conduit *a* d'échappement de la vapeur des cylindres de la machine, et le tuyau B d'injection d'eau froide, injection qu'on peut régler au moyen du robinet *b*. La pompe à air est placée au-dessous, transversalement ; c'est, suivant un système fréquemment employé maintenant, une pompe à double effet : le piston est plein, et les deux extrémités du corps de pompe constituent en quelque sorte deux pompes séparées ; chacune d'elles communique séparément d'une part avec le condenseur par une ouverture portant un clapet d'aspiration D, d'autre part avec la bâche de vidange F et le tuyau G de déversement par une autre ouverture E portant un clapet de refoulement : les deux pompes

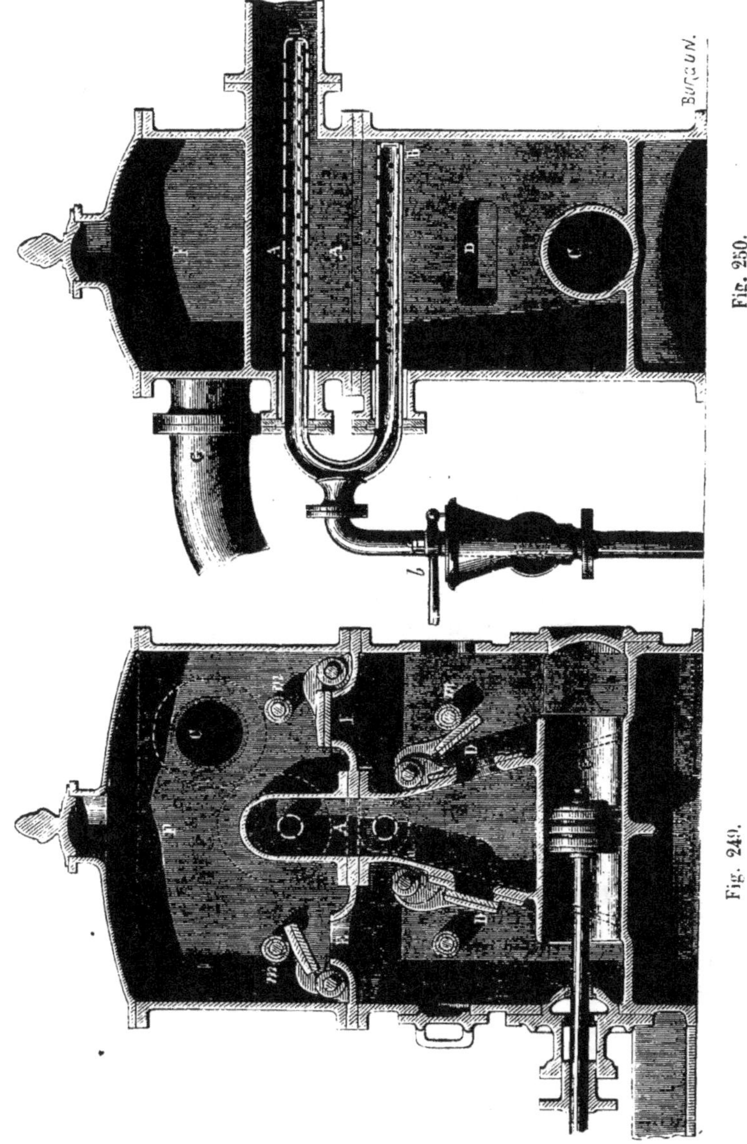

fonctionnent à la fois simultanément par le jeu du même piston.

Cette disposition présente l'avantage d'un moindre volume ; mais aussi les clapets étant plus nombreux, les chances de dérangement augmentent dans la même proportion.

L'eau extraite du condenseur par la pompe à air est déversée dans une bâche où elle est reprise par la pompe d'alimentation des chaudières.

RÉGULATEURS.

518. Pour rendre aussi uniforme que possible la vitesse du mouvement de rotation produit par la machine, les organes employés sont, comme nous l'avons déjà dit, de deux sortes. On emploie d'abord un volant, lequel détruit ou du moins atténue l'effet des irrégularités temporaires et de courte durée, qui ont lieu nécessairement dans la production et dans la consommation de travail ; nous ne reviendrons pas ici sur le rôle du volant que nous avons suffisamment éclairci précédemment (151 et suivants), non plus que sur sa construction dont nous avons donné un exemple (85). Mais l'efficacité d'un volant est limitée aux cas où la supériorité du travail moteur est intermittente, et si pour une cause quelconque elle devenait permanente, le volant finirait par participer à l'accélération causée par elle et ne remédierait plus à rien. C'est ce qui arrive à chaque instant dans les ateliers lorsque, pendant la marche régulière de la machine, on vient à suspendre l'action d'un certain nombre des outils auxquels elle transmettait du travail ; le travail moteur qui était égal au travail résistant, au moins en moyenne pour un certain temps, se trouve alors nécessairement en excès, et il n'y a d'autre moyen de maintenir la vitesse et d'empêcher la machine de *s'emporter*, comme on dit, que de diminuer la quantité de travail moteur produite. C'est à quoi servent les *régulateurs* ou *modérateurs*.

519. Il a été proposé un très-grand nombre de régulateurs fondés sur divers principes ; parmi eux il en est même qui ont donné de bons résultats ; néanmoins nous ne considérerons ici que le *régulateur de Watt*, ou *régulateur à boules*, qui est de beaucoup le plus employé.

Cet appareil se compose d'un axe AB maintenu vertical par un support IQ ; par le moyen de roues d'angle et d'une courroie de transmission, il reçoit un mouvement de rotation dont la vitesse est proportionnelle à celle du volant de la machine. Cet axe porte deux tiges **AM** symétriques, articulées en **A** et portant à leurs extrémités deux masses **M**; et ces tiges sont reliées par deux autres **CD** à un manchon **CC** qui entoure l'axe et peut glisser dans sa longueur. Lorsque l'axe tourne, les boules **M** s'écartent, le parallélogramme articulé **ADCD** s'élargit, le manchon **C** s'élève, et cet effet est d'autant plus marqué que la rotation est plus rapide. C'est là ce qu'on met en œuvre pour diminuer la quantité de travail moteur produite lorsque la vitesse de l'arbre du volant dépasse une certaine limite. Le manchon **C** porte une gorge dans laquelle est

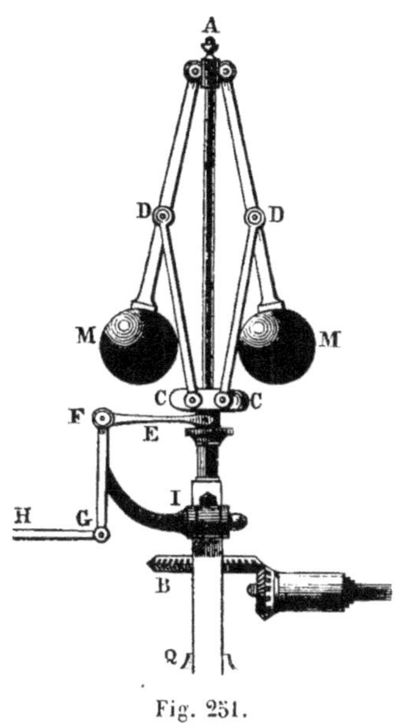

Fig. 251.

engagée une fourchette terminant un levier coudé **EFG**; le déplacement vertical du manchon **C** fait donc mouvoir horizontalement la tringle **GH**, qui agit pour ouvrir ou fermer plus ou moins une valve placée sur le tuyau d'arrivée de la vapeur aux cylindres. Quand la machine tourne trop vite la valve se ferme; la vapeur ne peut plus arriver qu'en moindre quantité dans les cylindres, avec une pression moindre, et le travail moteur diminue; le mouvement se ralentissant alors, le manchon **C** s'abaisse et la **valve** reprend sa position première.

320. Ce qui se passe dans le fonctionnement **du régulateur à** boules est absolument analogue avec ce qui se passe dans une expérience décrite précédemment (75); et l'existence, pour les boules **M**, d'une position d'équilibre correspondant au degré de vitesse de l'axe est facile à montrer absolument par les mêmes considérations.

Soit représenté par la ligne **AB** l'axe de rotation (fig. 252), l'appareil étant supposé immobile, et par **AM** l'une des tiges; la boule **M**, liée par cette tige, ne peut que décrire un arc de cercle de rayon **AM**;

ainsi la présence de la tige AM produit exactement le même effet
que produirait un tube courbé en forme d'arc
de cercle et renfermant la boule M; les conditions sont donc tout à fait analogues à celles
de l'expérience représentée dans la figure 62.

Lorsque la boule est en M, les forces agissant sur elles sont: d'abord son poids p représenté par MP, et ensuite la résistance de la tige
(ou du tube) laquelle est dirigée suivant MA;
pour que la boule reste en équilibre, c'est-à-
dire pour qu'elle décrive le cercle de rayon MQ
sans se rapprocher ni s'éloigner de la verticale, il faut que la résultante de ces deux forces
soit horizontale et égale à la force centripète
nécessaire à ce mouvement circulaire (79).

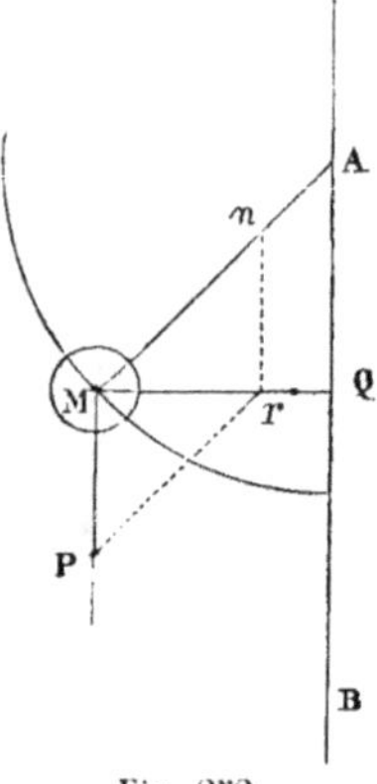
Fig. 252.

Admettons qu'il en soit ainsi, et soit représentée par Mr cette
force centripète résultante qui a pour mesure 0,001118 N^2p.MQ^{kg}.
On a la proportion AQ : MQ :: p : 0,001118 N^2p.MQ, d'où on tire
AQ $= 1 : 0,001118. N^2$. Ainsi la hauteur AQ à laquelle se tient la
boule ne dépend que du nombre de tours de l'axe par minute. Si,
par exemple N $= 40$, $N^2 = 1600$, AQ $= 1 : 1,788$, c'est-à-dire
0^m,558 *. Dès lors, sachant quelle doit être la valeur de N dans la
marche régulière de la machine, on peut d'après la longueur des
tiges AD et DC (fig. 251) savoir quelle sera alors la position du
manchon C et régler en conséquence la disposition des leviers et
de la valve.

321. Le poids des boules n'entre pour rien dans la condition
trouvée ci-dessus; et pourtant dans la pratique ce poids a une véritable importance, et on voit fréquemment un régulateur fonctionner mal ou péniblement, sans autre raison que la trop grande
légèreté de ses boules. C'est que de ce poids dépend la force vive

* S'il arrivait que, N étant trop petit, AQ se trouvât plus grand que le rayon
AM du cercle décrit par les boules, la condition trouvée serait impossible à
réaliser; il n'y aurait pour la boule d'autre position d'équilibre que le repos,
la tige restant verticale. C'est-à-dire que pour chaque régulateur il y a une
certaine limite de vitesse au-dessous de laquelle les boules restent pendantes le
long de l'axe sans démarrer : il faut toujours avoir soin de disposer des engrenages ou des poulies de transmission pour que le régulateur tourne suffisamment vite.

du régulateur, lorsque par suite d'une variation de vitesse dans la machine il doit entrer en action ; et c'est par cette force vive qu'il effectue un travail suffisant pour déplacer le mécanisme et la valve malgré les frottements et résistances qui s'opposent à ce mouvement. Nous ne pouvons entrer ici dans le détail des considérations et des calculs qui permettent d'estimer dans chaque cas le poids convenable à donner aux boules ; mais il faut au moins être prévenu que ce poids joue dans la pratique un rôle important pour l'efficacité du modérateur et sa rapidité d'influence, et ne pas croire qu'un modérateur à boules quelconque pourrait être au hasard installé sur une machine et y donner de bons résultats.

322. Si on donne au régulateur une forme symétrique par rapport à l'axe en y mettant deux boules au lieu d'une seule qui suffirait d'après la théorie qui précède, c'est uniquement afin d'équilibrer les réactions centrifuges exercées sur l'axe, en y ramenant le centre de gravité du système (84). Mais, à la rigueur, on pourrait n'y mettre qu'une boule, et on voit des modérateurs ainsi faits dans les dessins d'anciens moulins à blé, construits longtemps avant que Watt utilisât cette ingénieuse idée pour la machine à vapeur. Là le modérateur avait pour fonctions de serrer un frein ou de rapprocher les meules, ce qui augmente les frottements, lorsque le mouvement devenait trop rapide. On a également employé les régulateurs à boules pour ouvrir ou fermer plus ou moins la vanne qui permet l'arrivée de l'eau sur un moteur hydraulique.

323. Dans tout ce qui précède nous avons toujours parlé du régulateur comme agissant sur une valve ou *papillon* placée dans le conduit d'arrivée de vapeur ; c'est en effet de cette manière que sont disposées le plus souvent les choses. Mais lorsque la machine est pourvue d'un système de distribution à détente variable pendant la marche, on peut faire agir le régulateur sur l'organe de détente au lieu de le faire agir sur le papillon, et au lieu de fermer ou d'ouvrir le passage de vapeur, il augmente ou diminue la période de détente, ce qui est infiniment préférable au point de vue de l'économie.

Lorsque la valve est ouverte en grand ou à peu près, la vapeur qui arrive à la boîte de distribution a sensiblement la même pression que celle du générateur ; mais lorsque, la fermant en partie,

on a rétréci le passage, la même quantité de vapeur ne pouvant
arriver dans le même temps, elle n'a plus quand elle entre dans
les cylindres qu'une tension notablement inférieure, et c'est ainsi
que la fermeture de la valve diminue la quantité de travail moteur
effectuée ; elle crée par l'étranglement du courant une détente qui
commence avant l'entrée du cylindre et dont l'effet est perdu.
Tandis que si, au lieu de briser violemment la puissance de la vapeur, on augmente le degré de détente, on réalisera la même diminution dans la production de travail, sans perte aucune et par
une diminution équivalente dans la consommation de vapeur.
Dans presque toutes les machines à détente variable à la marche,
l'organe de détente est manœuvré par le régulateur.

CHAPITRE VII

324. Ainsi que nous l'avons déjà dit, les machines à vapeur peuvent être réparties en trois catégories :

1° *Machines à basse pression*, nécessairement pourvues de condenseurs.

2° *Machines à moyenne pression*, presque toujours pourvues de condenseurs, bien que l'emploi n'en soit pas obligatoire à la rigueur.

3° *Machines à haute pression*, sans condenseurs.

Ayant ici principalement en vue les machines susceptibles d'un emploi industriel et manufacturier, nous passerons rapidement en revue ces différentes catégories et, comme dans chacune d'elles le mode de construction et la disposition extérieure peuvent varier beaucoup, nous décrirons les principaux types employés, en indiquant, autant que possible, les qualités particulières à chaque système.

MACHINES A BASSE PRESSION.

325. Les machines à basse pression employées dans les grands travaux sont de deux sortes. Il y a les machines dites *atmosphériques* et les machines à double effet dites *machines de Watt*. Les premières sont, en somme, des machines de Newcomen (285), perfectionnées et auxquelles on a adjoint un condenseur. Le mode d'action est resté le même; la vapeur agit d'un côté seulement du

piston pour neutraliser l'effet de la pression atmosphérique, et c'est cette pression qui produit la course rétrograde du piston. Ces machines sont employées exclusivement aux épuisements des mines, et encore principalement en Angleterre; nous n'en parlerons pas davantage.

326. Machine de Watt. — La machine à double effet à basse pression et à condensation est la plus ancienne des machines à vapeur industrielles : c'est la machine telle que Watt la construisait, et elle n'a jamais reçu depuis de modifications importantes.

Fig. 253.

A, cylindre; DEF, balancier, relié à la tige C du piston par un parallélogramme, et à la manivelle HK par la bielle G; SS, bielle de l'excentrique du tiroir, agissant sur la tige par un levier coudé, presque entièrement caché par le cylindre; a, conduit d'arrivée de vapeur; bb, boîte à vapeur; cc, tiroir; d, tuyau d'échappement; e, condenseur, communiquant par le conduit K avec la pompe à air Khi et recevant l'injection d'eau froide par le tuyau g; lnn, tuyau d'évacuation d'eau chaude; m, pompe d'alimentation envoyant aux chaudières une partie de cette eau, tandis que le reste s'échappe au dehors par le tuyau p; q, pompe de puits remplissant la bâche où se fait l'aspiration d'eau froide.

La figure 253 est une vue d'ensemble de la machine de Watt, et la figure 254 représente à une plus grande échelle une coupe des parties intérieures, les mêmes lettres se rapportant dans les deux figures aux mêmes parties.

Fig. 254.

Nous avons déjà parlé de chacun des organes et expliqué suffisamment leurs rôles respectifs pour qu'il ne soit pas besoin d'y revenir. Le seul qui exige une mention spéciale est le tiroir, qui a une forme différente de celle généralement adoptée et décrite plus haut. Ce tiroir, connu sous le nom de *tiroir long* ou *tiroir de Watt*, a la forme d'un tuyau qui traverse la boîte à vapeur et en ferme hermétiquement les deux extrémités, étant muni de garnitures comme un piston. Quand il est dans la position où il est représenté sur la figure, les deux garnitures sont au-dessus des deux lumières ; celle d'en haut reçoit la vapeur, l'autre donnant dans le tuyau d'échappement ; il est lui-même en haut de sa course. Mais s'il descend de manière à ce que ses garnitures soient plus bas que les lumières, celle d'en bas recevra la vapeur tandis que l'autre se trouvera par l'intérieur du tiroir en communication avec l'échappement.

Ce genre de tiroir est rarement employé maintenant ; il a cependant sur le tiroir plat ou tiroir à coquille précédemment décrit un avantage parfois assez considérable. Dans la disposition ordinaire, la pression de la vapeur contenue dans la boîte du tiroir, appuie fortement ce tiroir sur la table des lumières et donne lieu à un frottement considérable, comme nous l'avons déjà dit. Le travail résistant qui en résulte dans le mouvement alternatif est loin d'être négligeable ; dans une locomotive, par exemple, il consomme une puissance de plusieurs chevaux-vapeur. Il ne se produit rien de pareil avec le tiroir de Watt, environné de toutes parts par la vapeur ; dans certains cas où la manœuvre du changement de marche (311) doit être fréquemment effectuée, comme pour les machines d'extraction sur les mines, on a quelquefois recours à ce genre de tiroir.

327. Les machines de Watt, encore employées fréquemment en Angleterre, sont tout à fait abandonnées comme machines fixes en France ; elles ont un défaut capital : c'est de consommer, à force égale, trois ou quatre fois plus de charbon qu'une machine à moyenne pression. Mais la faible tension de la vapeur et le peu d'emploi qu'on y fait de la détente ont pour résultats d'en rendre la conduite très-facile et le mouvement très-doux et très-uniforme ; il ne s'y produit nulle part d'efforts violents, et par suite elles n'occasionnent ni secousses ni ébranlements ; les masticages et garnitures, travaillant très-peu, tiennent bien ; les réparations sont rares. Toutes ces qualités, jointes aux difficultés particu-

lières que présente l'alimentation des générateurs par l'eau de mer, ont fait employer presque exclusivement pour la navigation les machines à basse pression jusqu'à ces dernières années ; la tendance est maintenant de leur substituer partout des machines à moyenne pression.

MACHINES A MOYENNE PRESSION.

528. Machines à moyenne pression. — Ce sont les machines industrielles par excellence ; bien construites et marchant dans de bonnes conditions comme production de vapeur, elles sont de beaucoup les plus économiques, surtout pour les grandes forces. Elles sont toujours établies à détente et à condensation, sauf circonstances exceptionnelles.

C'est parmi les machines à moyenne pression, c'est-à-dire employant la vapeur à une tension au-dessous de six atmosphères, qu'il faut placer les *machines à deux cylindres* ou *machines de Woolf*, dont nous avons déjà parlé et qui méritent une mention spéciale.

529. Machines à deux cylindres. — Nous aurons peu de chose ici à dire de la construction des machines à deux cylindres. Presque toutes sont des machines à balancier, et ressemblent par conséquent beaucoup, comme transmission, à la machine de Watt dont nous venons de donner la description et la figure. Si dans les figures 253 et 254 on suppose remplacé le cylindre unique de la machine de Watt par l'ensemble des deux cylindres représentés en détail dans les figures 247 et 248, on aura une machine de Woolf. Le parallélogramme par l'intermédiaire duquel le mouvement est donné au balancier présente, comme nous l'avons dit (177), deux points à mouvement rectiligne ; les tiges des deux pistons sont attachées l'une au point le plus éloigné du centre, l'autre au second point, et c'est pour cela que la course du petit piston est de moindre étendue que l'autre, et que le petit cylindre (fig. 248) a aussi moins de longueur que le grand. Quant à tous les autres organes, ils sont les mêmes.

La machine de Woolf est à peu près la plus compliquée et, par suite, la plus chère, comme première acquisition, des machines à vapeur industrielles. Ses ajustements compliqués exigent une très-bonne construction et une surveillance attentive. L'usure d'une pièce ou d'une articulation donnerait promptement lieu, si l'on n'y portait remède, à des chocs et des secousses nuisibles. En regard de ces inconvénients, très-atténués maintenant par l'habileté ordinaire des constructeurs, ce genre de machines a de très-grandes qualités, justifiant la préférence qu'on lui accorde dans beaucoup d'industries. D'abord, aucune machine ne leur est supérieure au point de vue de l'économie ; avec des générateurs bien établis, une machine de Woolf peut arriver à ne consommer que 1,2 kilogramme de houille par cheval-vapeur et par heure. De plus, ces machines possèdent par leur constitution même, comme qualité particulière, une régularité de marche qui les rend propres aux travaux les plus délicats et qui en a rendu l'emploi exclusif pendant bien longtemps dans un certain nombre d'industries comme la filature, le tissage, etc. Nous avons dit précédemment (302) d'où vient cette régularité. Enfin, les machines de Woolf supportent sans rien perdre de leur uniformité de mouvement et sans que le rendement économique en souffre beaucoup, d'assez notables accroissements de charge.

550. **Machines à un seul cylindre**. — Les machines à condensation peuvent être construites absolument comme la machine de Watt, sauf les dimensions des pièces qui doivent être plus fortes, puisque les efforts à soutenir sont plus considérables. Néanmoins on construit maintenant assez peu de machines à un seul cylindre à balancier. On a cherché de diverses manières à simplifier la construction, en diminuant le nombre des organes par lesquels le mouvement alternatif du piston produit le mouvement de rotation continu de l'arbre du volant ; on a ainsi obtenu la *machine à action directe*, qui revêt une multitude de formes ; nous indiquerons seulement trois types principaux, la machine *verticale*, la machine *horizontale* et la machine *oscillante*.

551. *Machine verticale.* — C'est surtout pour les machines verticales qu'il s'est produit une grande variété de dispositions : du moment qu'on supprimait l'emploi du balancier et qu'on voulait articuler directement la bielle sur la tige du piston, il devenait nécessaire de fortifier cette tige et de la maintenir contre des efforts latéraux résultant de l'obliquité de la bielle. C'est d'une part le genre de guide adopté, de l'autre la position de la bielle

et de l'arbre du volant qui donne lieu à cette variété de systèmes. Nous donnons ici seulement la plus simple, qui est de beaucoup la plus employée pour les machines industrielles.

Fig. 255.

A, cylindre ; B, tête de la tige du piston en forme de traverse se mouvant entre les deux glissières C C et portant un tourillon engagé dans la tête de la bielle D ; E, manivelle faisant corps avec l'arbre du volant ; G, excentrique du tiroir ; H, tuyau d'arrivée de vapeur et soupape pour la détente.

Dans la machine figurée ici à 1/50 par son élévation de face et de profil avec coupe du cylindre, la tige du piston est maintenue latéralement par deux fortes glissières verticales entre lesquelles se meut une courte traverse qui la termine et reçoit en même temps l'articulation de la bielle ; celle-ci agit directement sur la manivelle de l'arbre du volant, appuyé horizontalement à 5 mètres du sol d'une part sur des colonnes et de l'autre sur un mur. Il y a lieu de remarquer dans cette machine la distribution de vapeur, qui reproduit une disposition de détente citée au § 309 : elle se compose d'un tiroir I manœuvré par un excentrique, et qui sert seulement à distribuer la vapeur, et d'une soupape II placée sur le tuyau d'arrivée de vapeur, manœuvrée par une came F et servant à ouvrir et à fermer l'introduction aux moments convenables. Tout le reste de la machine ne renferme rien de particulier.

Les machines verticales occupent peu de place, mais une grande hauteur : la position élevée qu'occupent l'arbre du volant et le volant lui-même nuit à la stabilité de l'ensemble et empêche d'adopter cette disposition pour de grandes puissances.

332. *Machine horizontale*. — La machine horizontale, très-employée maintenant, présente comme composition générale une très-grande ressemblance avec la machine verticale dont nous venons de parler. La tige du piston y est de même maintenue par des glissières parallèles entre lesquelles se meut la tête qui la termine et de même aussi une bielle relie directement cette tête à la manivelle. Le grand avantage de la machine horizontale, c'est de comporter un bâtis peu compliqué et dans tout l'ensemble une construction notablement moins coûteuse que toute autre.

En même temps on peut, sans avoir à craindre les ébranlements, donner aux différentes pièces des vitesses beaucoup plus considérables qu'il ne serait possible dans tout autre système ; presque toutes les machines à mouvement rapide sont des machines horizontales.

La figure 256 représente au centième, d'après le *Guide du chauffeur*, par MM. Grouvelle et Jaunez, l'élévation d'une machine horizontale de cinquante chevaux-vapeur à détente variable et à condensation, construite par M. Farcot.

Dans cette machine, l'appareil de condensation et les pompes se trouvent placés au-dessous du cylindre, dans l'intérieur du massif qui supporte le bâtis ; et le mouvement commun de va-et-vient dans les deux pompes placées en face l'une de l'autre est pris directement sur celui du piston. Le condenseur H reçoit l'échappement de vapeur par un conduit venant du cylindre, et l'injection d'eau froide par un tuyau dont on ne voit que le robinet m. La

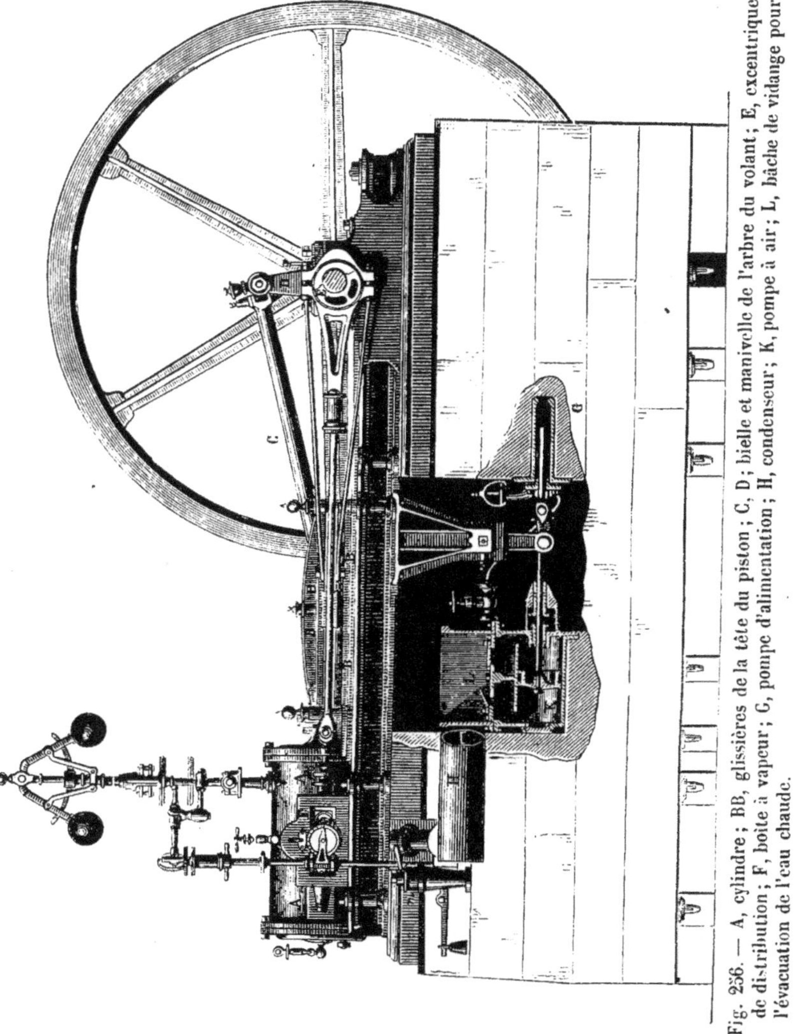

Fig. 256. — A, cylindre; BB, glissières de la tête du piston; C, D; bielle et manivelle de l'arbre du volant; E, excentrique de distribution; F, boîte à vapeur; G, pompe d'alimentation; H, condenseur; K, pompe à air; L, bâche de vidange pour l'évacuation de l'eau chaude.

pompe à air est, comme celle qui a été figurée précédemment (317), une pompe à double effet; elle se meut dans une caisse partagée par une cloison verticale en deux parties complétement distinctes, et les deux extrémités du corps de pompe débouchent l'une dans un de ces compartiments, l'autre dans l'autre : chacun d'eux a un clapet d'aspiration placé sur le tuyau venant du condenseur (clapet qu'on ne voit point sur la figure), et un clapet de sortie donnant sur la bâche de vidange L, par où s'écoule l'eau chaude et où puise la pompe G d'alimentation.

La détente est variable, avec action du régulateur sur cette détente; nous ne pouvons entrer ici dans aucun détail sur le mécanisme de cette détente, qui peut être poussée très-loin, non plus que sur la transmission assez compliquée par l'intermédiaire de laquelle elle est réglée par le régulateur.

555. Une machine comme celle-ci, où la détente peut être portée jusqu'à 1/15 et même 1/20, peut, lorsqu'elle est alimentée par une chaudière à réchauffeur, arriver à ne brûler que 1,2 et 1,1 kilogramme de houille par cheval-vapeur et par heure, tout comme les machines à deux cylindres ; et il était bien évident, en effet, que, pour un *même* degré de détente, on devait obtenir un même rendement économique. Seulement, le travail est fort loin d'avoir la même régularité, malgré l'emploi d'un volant très-grand et très-puissant.

On peut corriger cette irrégularité en employant deux machines conjuguées, c'est-à-dire associées, agissant simultanément sur le même arbre, et dont les manivelles sont calées à angle droit, de manière à ce que, à chaque instant, l'une d'elles soit dans sa période de forte pression, tandis que l'autre est dans sa période de détente. Il est évident que de cette manière, mais au moyen de deux machines séparées et distinctes, on se retrouve à peu près dans les conditions d'une machine à deux cylindres. Ce système est maintenant très-souvent employé; et nombre de filatures du Nord obtiennent par là une régularité de marche tout aussi grande que par l'emploi d'une machine de Woolf, avec une économie égale et un prix d'achat et d'établissement beaucoup moindre.

La machine horizontale a été longtemps l'objet d'un préjugé mal fondé; on craignait que l'excès de pression supportée par la partie inférieure du cylindre, en raison du poids du piston, ne donnât lieu à une prompte détérioration, en ovalisant le cylindre. Une longue pratique a maintenant démontré qu'il n'en est rien, et le surcroît de frottement n'occasionne pas une usure assez grande pour faire renoncer aux avantages d'un système qui tend tous les jours de plus en plus à se substituer à tous les autres pour les grandes comme pour les petites forces.

354. *Machines oscillantes.* — Dans le but de simplifier jusqu'à la dernière limite la transmission du mouvement, on a eu l'idée de relier sans intermédiaire la tige du piston à la manivelle, en supprimant toute bielle. Il faudra donner au manneton une longueur égale à la moitié de la course du piston ; et afin que la tête du piston puisse suivre le bouton de manivelle dans son déplacement circulaire, le cylindre doit forcément être mobile : il est donc monté

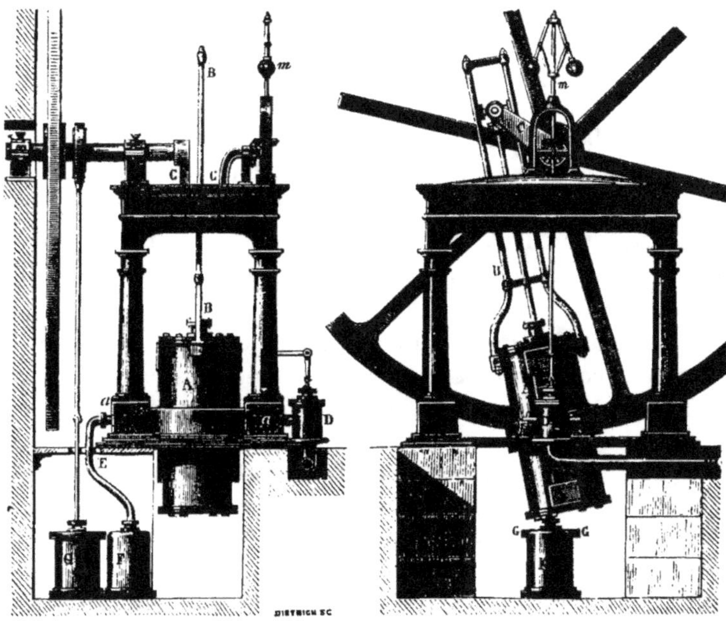

Fig. 257.

A, cylindre porté sur des tourillons *aa* ; B, glissières fixées au cylindre ; C, arbre du volant, coudé et formant manivelle ; D, tuyau d'arrivée de vapeur et boîte contenant la valve sur laquelle agit le régulateur à boule *m* ; E, tuyau d'échappement de vapeur conduisant au condenseur F ; G, pompe à air actionnée par un excentrique calé sur l'arbre du volant.

sur deux tourillons et peut osciller en suivant, tantôt d'un côté, tantôt de l'autre, la rotation de la manivelle. Afin de garantir la tige du piston contre la réaction latérale pendant qu'elle conduit le cylindre dans son mouvement oscillatoire, on la place entre deux glissières solidement reliées au cylindre.

Les tourillons étant les seules parties du cylindre qui ne se déplacent point, c'est nécessairement par leur intérieur que doit s'effectuer l'introduction et la sortie de vapeur : comme l'indique la figure, la vapeur arrive par un des tourillons et sort par l'autre. Les appareils de distribution des machines oscillantes varient beaucoup et sont tous assez compliqués, nous ne nous arrêterons pas à les décrire.

Les machines oscillantes ont pour principale qualité leur légèreté, avec la simplicité et l'économie de leur construction. Inventées par M. Cavé, elles ont reçu de lui les applications les plus variées, avec un égal succès, et ont été un moment fort en vogue. C'est surtout dans la navigation, en raison de leur légèreté et du peu de place qu'elles occupent, que la faveur dont elles ont joui paraît méritée. Dans l'industrie proprement dite, il y a peu de raisons de les préférer aux autres systèmes et surtout aux machines horizontales. Elles ne sont guère plus économiques comme prix d'achat. Leur construction doit être très-soignée ; la distribution est toujours compliquée ; tout l'effort est supporté par des tourillons creux et mobiles, ce qui est évidemment une mauvaise condition de durée. Il semble impossible que ces machines, précieuses dans certaines circonstances spéciales, puissent résister à un travail soutenu aussi longtemps que les machines ordinaires.

MACHINES A HAUTE PRESSION.

335. Si, comme nous l'avons fait, on désigne particulièrement sous le nom de machines à haute pression les machines sans condensation, il est clair que ce genre de machines doit être moins fréquemment appliqué dans l'industrie que le précédent, et ne peut convenir qu'à des circonstances particulières. L'emploi de la condensation équivaut à un surcroît de pression au moins égal à 3/4 d'atmosphère, et par conséquent il produit un surcroît important de travail moteur sans autre augmentation de travail résistant que celle résultant du jeu de la pompe à air. A force égale, une machine sans condensation consomme beaucoup plus de charbon qu'une machine à condensation ; on ne peut guère estimer en moyenne à moins de 4 kilogrammes par cheval et par heure la quantité de houille consommée par une machine à haute pression, tandis que la moitié environ suffira pour une machine à moyenne pression et à condensation.

A moins donc que, par suite de circonstances particulières, on ne se trouve dans l'impossibilité de condenser, on aurait tort d'employer la machine à haute pression. C'est ce qui se présente pour certains appareils spéciaux, comme les locomotives ou les locomobiles; c'est ce qui se présente aussi dans certaines localités où l'eau est rare, et aussi lorsque l'eau nécessaire à la condensation est difficile ou coûteuse à se procurer, comme, par exemple, dans le cas où une machine doit être installée dans la partie haute d'un édifice.

Nous avons très-peu de chose à dire en particulier des machines à haute pression; les organes en sont exactement les mêmes que ceux d'une machine à moyenne pression, le condenseur écarté, et ils fonctionnent de la même manière. Quant aux systèmes de construction, ils sont aussi les mêmes et on retrouve là des machines verticales, horizontales ou oscillantes, tout comme lorsqu'il s'agit d'appareils à condensation.

L'industrie n'emploie la machine à haute pression que pour les petites forces; la consommation de houille devant être faible, la considération du rendement économique perd par là même de son importance, et on recherche alors un appareil peu encombrant et peu coûteux d'achat.

CHAPITRE VIII

BATEAUX A VAPEUR. — LOCOMOTIVES. — LOCOMOBILES. MACHINES A AIR CHAUD.

336. Les applications de la vapeur aux transports ont gagné, depuis une trentaine d'années, une telle importance, que nous ne pouvons nous dispenser de donner sur elles au moins quelques indications sommaires. Nous considérerons donc rapidement les moteurs destinés à la navigation avec les propulseurs sur lesquels ils agissent; puis les locomotives, c'est-à-dire les moteurs destinés aux transports par chemins de fer. Nous parlerons ensuite des locomobiles, c'est-à-dire des machines à vapeur transportables, dont l'emploi prend chaque jour un développement plus considérable dans l'agriculture et les travaux de construction; enfin, nous donnerons quelques notions sur les machines à gaz et à air chaud, qui commencent à fournir des moteurs à la petite industrie et sont peut-être destinées à jouer dans l'avenir un rôle important.

BATEAUX A VAPEUR.

337. **Notions historiques**. — L'idée d'appliquer la machine à vapeur à la navigation est aussi ancienne que la machine à vapeur elle-même; car Papin, en 1695, construisit en Allemagne un bateau à vapeur qui, paraît-il, fonctionna réellement; mais l'ignorance et la routine rendirent inutiles ces premiers essais, et il faut arriver à l'époque où Watt perfectionna la machine à vapeur pour retrouver de réelles et sérieuses tentatives. En 1776, commen-

cèrent, en France, les essais du marquis de Jouffroy, puis ceux de Perrier, interrompus tous deux par les événements politiques qui absorbèrent bientôt tous les esprits et toutes les ressources. On continua en Angleterre à étudier la question; on multiplia les essais. En 1804, Symington fit, en Écosse, des expériences heureuses que le manque d'argent le força d'abandonner. Enfin, en 1812, Henry Bell construisit un paquebot qui navigua sur la Clyde, et Ralph-Dodd fit pour la première fois, en 1815, une traversée maritime de la Clyde à Londres et à Dublin.

Pendant ce temps, avaient eu lieu, en France, les essais de l'Américain Fulton qui construisit, à Paris, sans succès, un premier bateau en 1802; puis un autre, en 1805, avec l'aide du gouvernement français. Sa machine était trop faible, le bateau ne put remonter la Seine, et les essais furent abandonnés. Fulton passa alors en Amérique, et en 1807 alla de New-York à Albany le premier bateau à vapeur, qui était muni d'une machine de vingt chevaux, fournie par Watt, et avait pour propulseur une seule roue à aubes, placée à l'arrière. A partir de ce moment, la navigation à vapeur prit un rapide essor en Amérique d'abord, puis en Angleterre. En 1835, eut lieu le premier voyage transatlantique effectué par un bateau à vapeur, et, en 1839, s'organisa un service régulier de Liverpool à New-York.

En France, les premiers bateaux à vapeur furent établis sur la Saône (1820), puis sur la Seine (1821). Bientôt la navigation fluviale fit de très-rapides progrès par les travaux de MM. Marestier, Cavé, Bourdon, Bonardel, Normand, etc.; et, vers 1840, fut créée la marine de guerre à vapeur. Le développement de ce nouveau moyen de communication et de cette nouvelle source de puissance a pris depuis 30 ans de telles proportions qu'il nous est impossible d'en indiquer ici même les traits principaux.

338. Bateaux à roues. — Les bateaux à vapeur sont de deux sortes, différant par la nature du *propulseur*, c'est-à-dire de l'organe qui produit le mouvement par son action sur l'eau. Cet organe propulseur est tantôt un couple de *roues à aubes*, tantôt une *hélice*.

Dans les bateaux à roues, qui sont les plus anciens, des roues à aubes, fort analogues aux roues pendantes que nous avons citées parmi les moteurs hydrauliques (224), se trouvent disposées aux deux extrémités d'un arbre transversal recevant de machines à vapeur un mouvement de rotation. A la partie inférieure de la roue, l'action exercée sur l'eau par les aubes ou *pales*, en raison de leur mouvement, est dirigée de l'avant à l'arrière du bâtiment; il

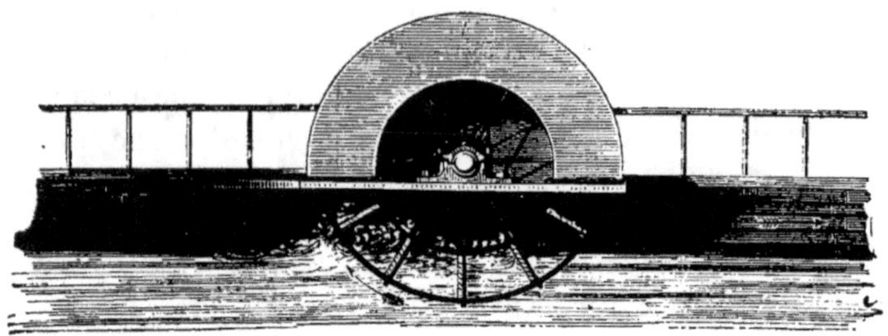

Fig. 238.

en résulte donc une réaction dirigée en avant. Les deux réactions égales, agissant sur les deux roues symétriquement placées, ont une résultante située dans l'axe du navire, passant donc par le centre de gravité et donnant ainsi lieu à un mouvement de translation (64). On peut considérer le travail transmis aux aubes et effectué par elles sur l'eau comme partagé en deux portions : l'une, qui se transforme en force vive communiquée à l'eau; l'autre, qui se transforme en force vive communiquée au bâtiment. Cette dernière portion représente seule le travail *utile*, puisque seule elle donne lieu à l'effet qu'on avait en vue; mais on ne peut pas dire que l'autre soit perdue puisque, sans l'action qui met l'eau en mouvement, n'existerait pas la réaction qui fait avancer le navire. Cependant il est vrai qu'une certaine partie de la force vive communiquée à l'eau est réellement perdue, à cause de l'agitation brusque et violente de cette eau qui, pour bien faire, ne devrait prendre qu'un mouvement dirigé en arrière. On conçoit que cette perte peut varier considérablement avec les circonstances, et qu'elle sera bien autrement grande sur mer et au milieu des vagues que sur un lac et en eau morte *.

---

* Au point de vue de l'application des principes généraux de la mécanique, il y a lieu de remarquer ce fait curieux, que c'est justement le travail résistant effectué sur les roues du navire qui produit ici l'effet utile, c'est-à-dire le déplacement de ce navire; et cependant il n'est point dérogé au théorème général sur la variation de la force vive (140); ce travail résistant produit

559. D'après ce que nous venons de dire, on voit que pour faire mouvoir un bâtiment au moyen d'un propulseur placé sur le bâtiment lui-même et s'appuyant sur l'eau, il faut dépenser beaucoup plus de travail qu'il n'en serait besoin pour vaincre seulement la résistance de l'eau. Si on imagine deux bateaux à vapeur absolument pareils, dont l'un serait halé par des chevaux, sa machine ne fonctionnant pas, tandis que l'autre avancerait au moyen de ses roues, la quantité de travail produite et dépensée à bord de ce dernier serait de beaucoup supérieure au travail effectué sur l'autre par les chevaux.

Suivant les circonstances, le travail dépensé par la machine d'un bâtiment à vapeur surpasse plus ou moins le travail utile; dans les circonstances les plus favorables, il peut en être seulement les 4/3; dans d'autres cas, il devra être au moins triple. C'est à cause de ces conditions très-variables du service que doit faire une machine destinée à la navigation, qu'on lui assure toujours un très-grand excès de puissance; de là vient la différence considérable qu'on rencontre entre la *force nominale* d'une machine de navigation et sa *force effective*, c'est-à-dire celle qu'elle est capable de développer. La force effective est ordinairement triple ou quadruple de l'autre; une machine dite de 100 chevaux peut en fournir 300 ou 400, ce qu'on exprime en disant que les chevaux de marine valent plus de 75 kilogrammètres. Cette valeur conventionnelle a toujours été en augmentant; aujourd'hui, dans la marine impériale, on estime le cheval vapeur à 500 kilogrammètres.

Tout ceci subsiste évidemment, quel que soit le propulseur employé, et s'applique aussi bien aux bâtiments à hélice qu'aux bateaux à roues.

540. Les aubes sont ordinairement fixées aux roues dans la direction des rayons, bien qu'il en résulte un choc oblique de l'aube sur l'eau au moment où elle y pénètre, et le soulèvement d'un certain poids d'eau au moment où elle en sort. On a employé différents

bien une diminution dans la force vive totale du système composé du navire avec ses roues. Si les roues tournaient à vide, leur vitesse irait en s'accélérant indéfiniment par l'effet du travail moteur fourni par la machine; la force vive irait en croissant, mais il n'y aurait pas déplacement du navire. Au lieu que sous l'influence du travail de la réaction, le mouvement de la machine et des roues reste uniforme; et cette réaction donne lieu au mouvement du centre de gravité, rendu lui-même à peu près uniforme par la résistance de l'eau.

systèmes ayant pour but de maintenir l'aube toujours verticale; ce qui assure à son action une efficacité beaucoup plus grande. Le principal inconvénient de ces aubes mobiles est le surcroît de complication qu'elles exigent et le défaut de solidité.

L'arbre des roues est coudé, et reçoit ainsi l'action de la machine sans qu'il y ait de manivelle distincte. La résistance opposée par l'eau au mouvement des roues est telle que, à moins d'installer sur l'arbre un volant dont l'inertie pourrait rendre le mouvement continu, une seule machine serait incapable de l'entretenir. Comme la présence de ce volant avait de graves inconvénients, on y a promptement renoncé; et l'arbre des roues est actionné au moins par deux machines accouplées, agissant sur des manivelles distinctes. Lorsqu'une des machines est *au point mort*, comme on dit, l'autre est en pleine course et entretient le mouvement.

Ces machines peuvent, d'ailleurs, être de systèmes très-différents, tant au point de vue de l'action de la vapeur qu'au point de vue de la construction. Pendant très-longtemps on a employé presque exclusivement, pour la navigation, des machines à basse pression sans détente. Des considérations d'économie y ont fait renoncer, et on emploie maintenant des machines à moyenne pression où la tension de vapeur est comprise entre 2,5 et 5 atmosphères. Les premières machines étaient à balancier; aujourd'hui, on ne rencontre plus guère que des machines à action directe, verticales ou inclinées, ou des machines oscillantes dont la légèreté relative et les formes ramassées se prêtent très-bien aux exigences particulières qui résultent du défaut d'espace.

341. Bateaux à hélice. — Depuis une vingtaine d'années, on tend à substituer aux roues à pales, dans un grand nombre de circonstances, et surtout pour les bâtiments de mer, un nouveau système de propulseur. Au lieu d'agir par une roue, dont la partie inférieure seule est dans l'eau, on emploie une *hélice*, c'est-à-dire une sorte de vis, entièrement noyée, et tournant dans l'eau comme un boulon dans un écrou fixe. En raison de la mobilité de l'eau, les choses se passeront à peu près comme pour les roues à pales : le travail moteur appliqué à l'hélice se partagera en deux parties, dont l'une sera employée à mettre en mouvement l'eau qui l'entoure, mais dont l'autre sera employée à produire le déplacement du navire.

Les premières hélices effectivement employées pour la navigation étaient, comme le montre la figure 259, de véritables vis dont

Fig. 259.

le filet, très-développé, formait une spire complète; mais on a
reconnu depuis qu'il y avait inconvénient à ce que la surface agis-
sante présentât sans discontinuité une trop grande étendue, l'effet
de chaque portion de cette surface nuisant à celui des portions
voisines : il vaut mieux fractionner le filet de la vis et en enlever
certaines parties. Dès lors, celles que l'on conservera se trouveront
à des hauteurs différentes sur l'axe, et, sans rien changer à leur
effet, on pourra les rapprocher de manière à les placer toutes à
peu près dans un même plan. On est ainsi conduit à donner à l'hélice une forme dont la figure 260 peut donner une idée, et qui res-

Fig. 260.

semble à celle qu'affectent les ailes d'un
moulin à vent. Le nombre des ailes de l'hélice est très-variable, et parait exercer beaucoup moins d'influence, au point de vue de
l'effet produit, que la longueur de ces ailes ;
l'expérience a montré que le cercle décrit
par leurs extrémités devait avoir une surface égale environ au tiers de la surface ré-
sistante du navire, c'est-à-dire de la plus
grande section transversale immergée. L'hélice est installée à
l'arrière du navire (fig. 261) dans une sorte de cadre pratiqué
entre la forte pièce de bois qui supporte le gouvernail et le reste
de la coque. Son axe pénètre dans l'intérieur du navire, au travers

d'un presse-étoupe, fort analogue au presse-étoupe ordinaire, et qui empêche l'introduction de l'eau ; il reçoit le mouvement de ma-

Fig. 261.

chines installées horizontalement à fond de cale, transversalement à la longueur et le plus près possible de l'arrière. Ces machines sont ordinairement à transmission directe ; une simple bielle joint la tête du piston à l'arbre de l'hélice, coudé en forme de mani-velle. La portion de l'arbre qui reçoit le mouvement de la machine peut être à volonté *embrayée* ou *désembrayée* avec celle qui porte l'hélice ; c'est-à-dire qu'au moyen d'un mécanisme particulier, il peut y être réuni de manière à donner le mouvement à l'hélice ou en être disjoint, l'hélice devenant folle avec son axe.

Dans un grand nombre de bâtiments, le cadre à l'intérieur du-quel joue l'hélice se trouve à la partie inférieure d'une ouverture verticale ou *puits* ménagé au travers de la poupe; au moyen de deux coulisses, on peut alors remonter tout l'appareil et soustraire l'hélice à l'action de l'eau quand on ne veut pas s'en servir; on peut même l'amener jusque sur le pont pour la visiter ou la réparer : ce système est généralement employé quand l'hélice n'a que deux ailes opposées, suivant l'habitude des constructeurs anglais. Mais le puits devrait avoir des dimensions inacceptables quand on adopte l'hélice à ailes multiples, dite hélice française. On renonce alors à l'avantage de pouvoir la visiter, et quand on ne veut pas s'en servir, on se contente de la désembrayer; elle n'oppose qu'une résistance insignifiante aux mouvements du navire.

342. L'emploi de l'hélice présente sur celui des roues deux avantages principaux; d'une part, il s'allie bien mieux avec celui de la voilure ordinaire; en sorte qu'un bâtiment à hélice peut très-bien marcher à voiles lorsque le vent est favorable, ayant ainsi la possibilité de ménager sa provision de combustible et de prolonger son séjour à la mer. D'autre part, il laisse les flancs du navire complétement libres tout en plaçant le propulseur ainsi que sa machine au-dessous de la surface de l'eau, et par conséquent hors de toute atteinte; c'est là évidemment un avantage décisif au point de vue militaire; aussi ne fait-on plus de vaisseaux de guerre autrement qu'à hélice. Mais pour les paquebots destinés à transporter des passagers, on préfère généralement les roues; le fonctionnement de l'hélice occasionne presque toujours des secousses et des ébranlements assez désagréables.

De même que pour les bâtiments à roues, la quantité de travail consommée pendant la marche d'un bâtiment à hélice est à peu près double de celle qui serait nécessaire pour *touer* le navire, c'est-à-dire le remorquer en prenant un point d'appui fixe.

On a cru pendant longtemps qu'il était indispensable de donner à l'hélice une très-grande vitesse, on lui a fait faire jusqu'à 300 et 400 tours par minute; aujourd'hui, on a reconnu qu'on pouvait restreindre beaucoup le nombre des tours d'hélice. Ainsi les figures précédentes 260 et 261 représentent, isolée d'abord, puis dans son installation, l'hélice du célèbre vaisseau de guerre *le Napoléon*, dont la construction en 1855 par M. Dupuy de Losne, fait époque dans l'art de l'ingénieur maritime; cette hélice, de 5^m,80 de diamètre, ne fait que 50 tours par minute ; et ce vaisseau est cependant un excellent marcheur.

343. L'hélice a été pour la première fois proposée pour la propulsion des navires, en 1752, par Daniel Bernoulli*. Depuis cette époque, la même idée fut reproduite par un grand nombre d'inventeurs sans attirer l'attention ; il paraît cependant, qu'en 1824, on fit des essais en Amérique ; et dès 1823, en France, le capitaine Delisle proposait, dans un mémoire détaillé, adressé au ministre de la marine, un système d'hélice tout à fait analogue à celui qui est maintenant en usage ; ce projet, qui n'a pu réussir à attirer alors l'attention des ingénieurs de la marine, a été publié dans les mémoires de la Société des sciences de Lille (année 1825). Il faut arriver jusqu'en 1840, pour trouver la première application réussie. Sauvage, en France, et Smith, en Angleterre, firent à peu près simultanément, vers cette époque, des essais en grand. Smith et le célèbre constructeur Rennie, disposant de ressources plus étendues, contruisirent les premiers un navire à hélice ayant réussi et ayant fait un service effectif à la mer. Les deux premiers bâtiments de guerre à hélice construits en Angleterre et en France furent deux frégates, *le Rattler* (1843) et *la Pomone* (1845) ; il ne s'en fait maintenant plus d'autres.

LOCOMOTIVES ET CHEMINS DE FER.

344. On désigne sous le nom de *locomotives* ces appareils bien connus qui se meuvent eux-mêmes en remorquant d'autres voitures sur les rails de nos chemins de fer, et en constituent ainsi l'organe essentiel. Une locomotive est simplement une voiture supportant une machine à vapeur dont l'action est employée à donner aux roues, ou tout au moins à l'une des paires de roues, un mouvement de rotation. Ainsi que nous avons déjà eu occasion de le dire (149), ces roues, qui reposent sur les rails, ne peuvent tourner sans qu'il se produise un frottement dirigé d'avant en arrière : il en résulte dès lors une réaction du rail sur la roue, réaction di-

---

* Daniel Bernoulli (1700-1782) a fait d'importants travaux sur le mouvement de l'eau et les moteurs hydrauliques. Son père, Jean Bernoulli, et son oncle, Jacques Bernoulli, ont été de célèbres mathématiciens qui ont contribué pour une large part aux premiers développements des calculs différentiel et intégral, inventés par Leibnitz et Newton vers 1680.

rigée en avant, et qui détermine le déplacement du centre de gravité. On voit que le mouvement de la locomotive sur les rails est produit tout à fait de la même manière que celui du bâtiment à vapeur muni de roues ; mais ici, le rail étant fixe, il n'y a point déperdition d'une portion du travail moteur employée sans profit direct. Il faut seulement que les roues motrices ne glissent point sur les rails, ce qui dépend, comme on voit, de l'intensité du frottement ; cette intensité limite seule la puissance de traction de la locomotive. On admet que, dans les circonstances ordinaires, cette puissance de traction est le sixième environ de la pression exercée sur les rails par les roues motrices. Supposons, par exemple, la pression de l'une de ces roues, qui est une des composantes du poids total de la locomotive (47) égale à 5 tonnes : c'est à peu près le cas des roues des machines à grande vitesse, dites machines Crampton : le frottement exercé sur le rail par le bandage de la roue, et tendant à le pousser en arrière, équivaudra environ à 800 kilogrammes ; la réaction dirigée en avant aura la même valeur, et par conséquent du mouvement de rotation imprimé à la roue résultera une force de 800 kilogrammes tendant à produire un mouvement en avant de la locomotive. Une action pareille se produisant pour la deuxième roue placée à l'extrémité du même essieu moteur, la locomotive sera poussée en avant par une force de 1600 kilogrammes. Elle est, au point de vue de son déplacement, absolument dans la même position que si, la machine ne fonctionnant pas, une traction de 1600 kilogrammes était exercée sur elle au moyen d'une corde ; seulement, cette force motrice résulte de l'action de la machine, au lieu d'être exercée par un moteur extérieur.

Si, dans les circonstances où elle est placée, eu égard principalement à la résistance que présentent les wagons auxquels elle est attelée, un effort de 1600 kilogrammes est suffisant pour la faire mouvoir, elle avancera. Mais si les résistances sont trop grandes, ou, en d'autres termes, si on cherche à exiger un effort de traction plus grand que 1600 kilogrammes, limite supérieure de ce que peut fournir le frottement, la machine continuant à déterminer le mouvement de rotation des roues, ces roues *patineront*, suivant l'expression consacrée, c'est-à-dire glisseront sur les rails sans faire avancer la machine.

345. Ainsi, comme nous le disions en commençant, la force de traction d'une locomotive, c'est-à-dire la force de traction extérieure qui se trouve remplacée par l'action de sa machine, dépend uniquement de l'adhérence des roues, c'est-à-dire de leur frottement sur les rails. Mais cette adhérence dépend de deux éléments, le coefficient de frottement, qu'on évalue en moyenne à 1/6, comme nous le disions plus haut, et la pression exercée sur les rails par les roues motrices. Le coefficient de frottement varie suivant les circonstances atmosphériques ; il peut atteindre 1/5 par les beaux temps secs et descend quelquefois jusqu'à 1/10 en hiver, par les temps de givre ou de neige. On ne peut en disposer à son gré, bien que cependant les locomotives soient pourvues de *sabliers*, c'est-à-dire de trémies répandant au besoin du sable fin sur les rails en avant des roues motrices, afin d'augmenter l'adhérence. Quant à la pression de ces roues motrices sur les rails, elle dépend du poids total de la locomotive ; mais il est bon de remarquer qu'elle dépend aussi de son mode de construction. Par exemple, si on supposait la locomotive montée sur deux paires de roues seulement, le poids appliqué au centre de gravité se répartirait évidemment entre les deux essieux (24), en raison inverse de leurs distances à sa verticale : la puissance de traction ne serait donc pas la même suivant qu'on prendrait, pour roues motrices, l'un ou l'autre des deux couples de roues.

Le plus souvent les locomotives sont montées sur trois paires de roues, et alors la distribution des pressions (47) dépend de différentes circonstances, dans le détail desquelles nous ne pouvons entrer ici. Lorsqu'il n'y a qu'une paire de roues motrices, sa position joue le principal rôle ; si l'essieu moteur est placé près de la verticale du centre de gravité, il supportera une portion du poids total beaucoup plus grande que s'il est à l'une des extrémités, comme dans les machines Crampton, où il est tout à fait à l'arrière, près de la place du mécanicien ; la puissance de traction sera beaucoup plus grande dans le premier cas que dans le second, où tout est combiné en vue seulement de la plus grande vitesse possible. Lorsque la locomotive est, au contraire, établie en vue d'une grande puissance de traction, comme celles destinées aux trains de marchandises, le mouvement des pistons moteurs commande à la fois celui de plusieurs paires de roues qu'on rend solidaires

au moyen de bielles ; alors la pression qui donne lieu au frottement moteur est la pression répartie sur l'ensemble de ces roues

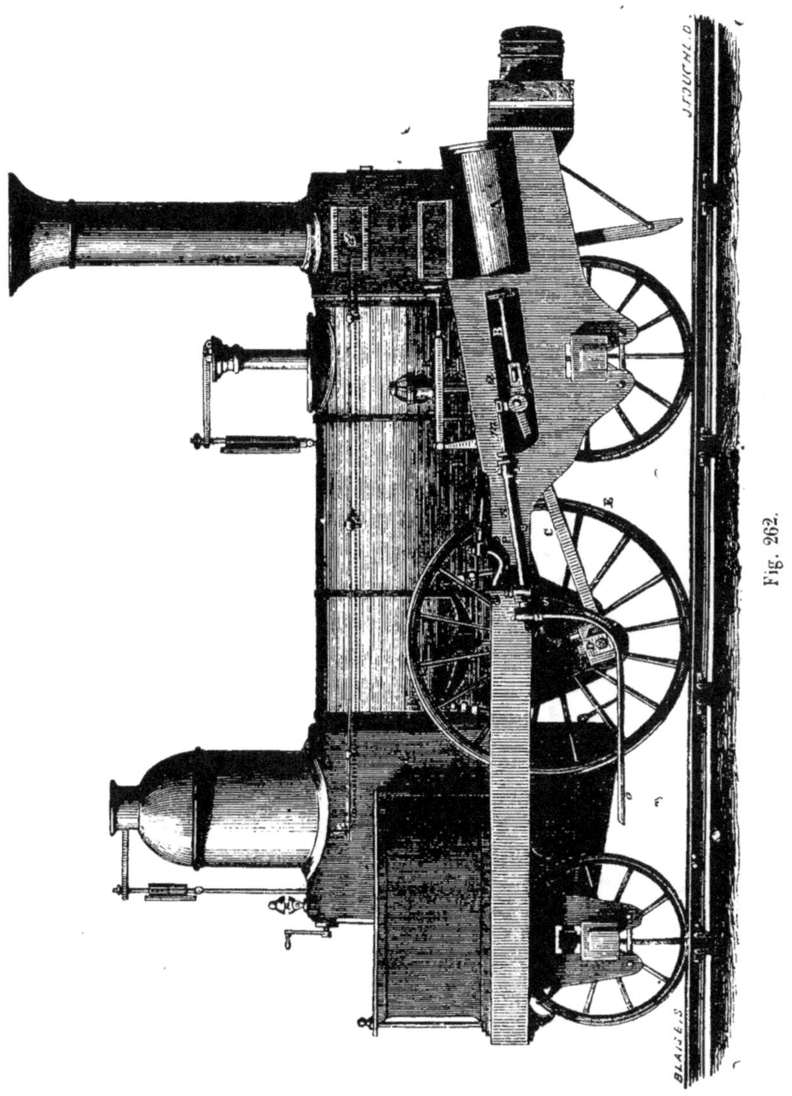

motrices ; et si, comme dans certaines machines destinées à faire
un service de traction sur de fortes rampes, toutes les roues sont

ainsi rendues motrices, ce sera le poids total de la locomotive. La nécessité d'augmenter la puissance de traction a fait augmenter de plus en plus le poids des locomotives; les premières construites pesaient seulement de 4 à 6 tonnes; elles en pèsent aujourd'hui de 30 à 40, et pour quelques-unes le poids va jusqu'à plus de 60 tonnes.

Nous avons déjà décrit en différents endroits les principaux organes d'une locomotive; néanmoins, nous devons encore indiquer comment ces organes se trouvent agencés pour concourir à l'effet total.

On peut distinguer dans une locomotive trois parties bien distinctes : l'appareil de production de vapeur ou chaudière; l'appareil moteur, qui se compose de deux machines à vapeur pareilles, mais séparées, situées l'une à droite, l'autre à gauche; et, enfin, la voiture, qui supporte les deux premières parties et dont certaines roues reçoivent le mouvement.

346. Châssis et roues. — Cette voiture se compose d'une sorte de cadre ou châssis formé latéralement par deux longues pièces en fer, nommées *longerons*, et par deux traverses extrêmes en bois qui les réunissent : c'est sur ce châssis que viennent se fixer toutes les pièces de la machine. Les deux longerons reposent, par l'intermédiaire de ressorts en acier, analogues à ceux des voitures ordinaires, sur les essieux des roues, qui se trouvent maintenus dans les échancrures de fortes plaques verticales, dites *plaques de garde*, qu'on aperçoit dans les deux figures 225 et 262.

Les essieux et les roues ne diffèrent que par une solidité plus grande de ceux des wagons ordinaires, représentés figure 128, sauf pour la paire de roues qui reçoit l'action directe des machines. Pour celle-là, la forme de l'essieu dépend de la position des cylindres : nos figures représentent une locomotive dans laquelle les cylindres sont situés latéralement; les bielles motrices C, en dehors des roues, agissent sur des boutons de manivelles D, placés sur les roues elles-mêmes; l'essieu ne présente alors rien de particulier. Mais on construit aussi des locomotives où les cylindres sont placés tout à fait à l'intérieur du châssis, au-dessous de la chaudière, et alors les bielles motrices doivent agir sur l'essieu et non plus sur les roues; l'essieu est alors coudé pour former manivelle; il présente deux coudes situés dans des plans perpendiculaires, les deux machines étant conjuguées ainsi que nous l'avons dit précédemment (335). Cette complication dans la forme de l'essieu est le principal inconvénient de cette disposition.

Sur tous les chemins, en France et même partout, sauf quelques lignes d'Angleterre, l'écartement des rails est de $1^m,44$ à $1^m,45$.

547. Comme nous le disions plus haut, les roues se partagent en roues motrices et roues porteuses : lorsqu'il y a plusieurs paires de roues motrices, c'est-à-dire dans les locomotives à marchandises, ces roues sont de même diamètre (1 mètre à $1^m,50$), et une seule paire reçoit l'action directe des pistons ; les autres sont rendues solidaires de celle-là au moyen de bielles horizontales articulées à des boutons de manivelles placés à égale distance du centre. Lorsqu'il n'y a qu'une seule paire de roues motrices, dans les machines mixtes ou à grande vitesse, elle a ordinairement un diamètre plus grand, de $1^m,50$ à $1^m,80$ pour les machines mixtes, de 2 mètres et même plus pour les machines à grande vitesse. Comme l'espace parcouru par coup de piston est égal à la circonférence des roues motrices, on atteint ainsi des vitesses plus considérables sans trop augmenter la vitesse moyenne des pistons (297) : on s'arrange pour que le piston n'ait pas besoin de faire plus de 5 ou 6 courses par seconde. C'est afin de se donner toute liberté au point de vue de l'augmentation des roues, que dans le type de locomotives connues sous le nom de machines Crampton, on dispose l'essieu moteur tout à fait à l'arrière, à l'arrière même du foyer de la chaudière, de manière à pouvoir conserver à l'ensemble une stabilité suffisante, en ne surélevant pas trop le centre de gravité.

548. **Chaudière**. — Nous avons déjà décrit (276) la chaudière d'une locomotive, représentée par une coupe longitudinale dans la figure 225, et par deux coupes transversales dans les figures 263 et 264 ; et nous n'avons rien à ajouter à ce que nous en avons dit ; tout l'ensemble de la chaudière est compris à l'intérieur du châssis, et repose sur les deux longerons au moyen d'agrafes latérales. On y distingue, comme nous l'avons déjà dit, le foyer, le corps cylindrique tubulaire et la boîte à fumée surmontée de la cheminée. Le foyer qui se trouve à l'arrière (fig. 263) descend beaucoup plus bas que le corps cylindrique et ne peut pas être, comme lui, situé en entier au-dessus des essieux ; aussi est-il le plus ordi-

nairement compris, comme l'indiquent les figures 225 et 262, entre les deux derniers essieux, à l'arrière. Cependant on rencontre encore assez souvent, surtout parmi les machines puissantes pour trains de marchandises, des chaudières dont le foyer est situé en arrière du dernier essieu, soutenu seulement en porte-à-faux par les deux extrémités postérieures des longerons.

Le tirage, sur les locomotives, est obtenu par un procédé différent du procédé ordinaire : la cheminée ne pouvant avoir une

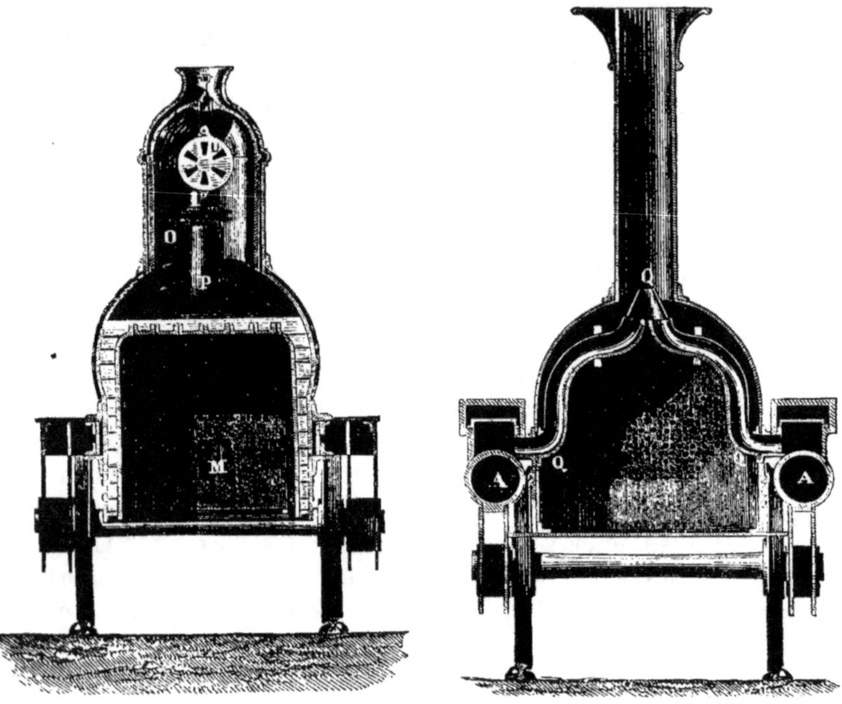

Fig. 263.   Fig. 264.

hauteur suffisante, il fallait nécessairement avoir recours à un moyen artificiel. Comme nous l'avons déjà dit (276), on utilise la force vive de la vapeur s'échappant des cylindres dans l'atmosphère après y avoir travaillé. C'est ce que montre la figure 264, représentant l'intérieur de la boîte à fumée : les tuyaux d'échappement Q des deux cylindres AA viennent se réunir et déboucher de bas en haut à l'extrémité inférieure de la cheminée. Si on songe que l'orifice laisse échapper environ 1 kilogramme de vapeur par seconde, avec une vitesse qui n'est pas moindre que 600 ou 700 mètres, on concevra facilement que l'air contenu dans la cheminée est choqué violemment par cette vapeur et projeté en avant, de manière à ce que son mouvement rapide donne lieu à un tirage très-actif à travers le foyer et les tubes.

La locomotive représentée dans les figures précédentes est, comme doit l'être toute chaudière à vapeur (261), pourvue de deux soupapes de sûreté S. Ces soupapes sont disposées autrement que celle des chaudières fixes : le levier est maintenu par un ressort au lieu de l'être par un poids. La soupape, qui ne présente point de disposition particulière, est placée sur une boîte cylindrique C; le levier L est fixé à une tige A, à l'extrémité de laquelle agit le res-

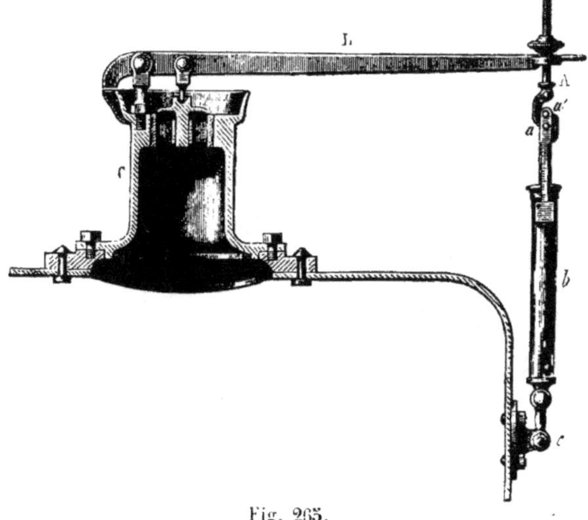

Fig. 265.

sort à boudin logé dans le cylindre b. Afin que la soupape s'ouvre complétement aussitôt qu'elle commence à souffler, on emploie quelquefois une disposition particulière : à l'extrémité de la tige du ressort se trouvent deux pièces a et a', courbées en sens contraire et articulées toutes deux à une autre pièce intermédiaire ; lorsque la soupape est fermée, cette pièce est renversée et l'ensemble est dans un état d'équilibre peu stable ; aussitôt que le levier L se soulève, un biseau placé sur la tige A pousse de côté la pièce intermédiaire qui bascule, et la longueur de la tige se trouve subitement augmentée de manière à ce que la soupape s'ouvre complétement.

349. **Machines**. — Les deux machines, symétriquement disposées des deux côtés, sont aussi simples qu'il est possible, et nous avons déjà décrit en divers endroits toutes leurs parties essentielles. Ce sont des machines à haute pression sans condensation, d'une très-grande puissance, ainsi que nous le montrerons plus loin, et à action directe (fig. 262) : elles sont le plus souvent horizontales, mais quelquefois légèrement inclinées comme dans les figures ci-dessus. Une bielle transforme directement en un mouvement de rotation continu le mouvement alternatif de chaque piston. Ainsi que nous l'avons dit plus haut, suivant que les cylindres sont extérieurs ou qu'ils sont intérieurs, c'est-à-dire situés au-dessous de la chaudière, les deux bielles agissent directement sur les roues dont une partie fait office de manivelle, ou elles agissent sur l'essieu des roues motrices qui est alors coudé deux fois. Nous avons déjà décrit et même figuré un cylindre de locomotive (fig. 250) et son appareil de distribution de vapeur (fig. 226); la détente y est obtenue presque toujours par l'emploi du tiroir simple à recouvrement, dont nous avons expliqué le jeu en détail (507), et elle n'est jamais portée à un degré très-élevé. Quant au mouvement du tiroir, il est obtenu pour chaque cylindre par l'emploi d'un excentrique double et d'une coulisse de Stephenson, ainsi que nous l'avons expliqué précédemment (512). Nous n'avons donc absolument rien à ajouter ici relativement à l'appareil moteur des locomotives.

Une locomotive est nécessairement accompagnée d'une voiture de transport, nommée *tender*, contenant la provision d'eau et de combustible. Une locomotive à voyageurs consommant, suivant le travail qu'elle doit effectuer, de 4 à 6,000 litres d'eau par heure, la caisse à eau du tender a de 6 à 8,000 litres de capacité, afin qu'on ne soit pas obligé de la remplir trop souvent. Des tuyaux de raccordement, disposés de manière à se prêter aux mouvements de la machine, à ses oscillations et à ses cahots, permettent à la pompe d'alimentation placée sur la machine d'aspirer l'eau dans cette caisse.

350. **Travail des locomotives**. — Les locomotives sont les

plus puissants appareils à vapeur qui soient employés. Pour donner une idée du travail qu'elles effectuent pendant leur service, nous indiquerons quel est l'effort de traction nécessaire pour maintenir uniforme le mouvement d'un train déjà lancé.

Comme nous l'avons dit précédemment, le travail moteur fourni par les machines de la locomotive est alors employé entièrement à surmonter les résistances diverses, résistance au roulement, frottements des essieux dans leurs boites, résistance de l'air, etc., qui tendent à ralentir le mouvement, et de plus à réparer les pertes de force vive provenant des secousses et ébranlements inutiles qui se produisent. Ainsi, pour maintenir uniforme le mouvement d'une voiture, il faut exercer sur elle un certain effort, et, pour le même wagon, cet effort dépend principalement de la vitesse ; il augmente rapidement avec elle par suite de l'augmentation de la résistance de l'air et de l'augmentation des pertes de force vive. Pour une voiture à voyageurs, suivant que la vitesse est :

45,   60,   75   kilomètres à l'heure,

l'effort constant nécessaire est :

57,   50,   95   kilogrammes.

Il est sensiblement proportionnel au poids de la voiture, et on peut l'estimer, pour les mêmes vitesses à :

6,   9,   14,5 kilogrammes par tonne.

Dans le transport des marchandises, la vitesse étant moindre, l'effort nécessaire est moindre, et, à une vitesse de 30 kilomètres par heure, on peut l'évaluer à $3^k,55$ seulement par tonne de poids brut, c'est-à-dire en y comprenant le poids des voitures. De plus, la locomotive doit se mouvoir elle-même avec son tender, ce qui exige de sa part un certain effort qu'il faut déduire préalablement de la réaction appliquée aux roues et provenant du frottement, pour avoir l'effort de traction exercé utilement sur les voitures auxquelles elle est attelée. Pour une machine du type Crampton, du poids de 30 tonnes environ, cet effort est 500 kilogrammes, l'effort utile de traction pouvant atteindre environ 1000 kilogrammes ; pour une machine à marchandises, à 8 roues motrices, du type le plus puissant et du poids de 53 tonnes, l'effort nécessaire au mouvement de la locomotive seule est 1340 kilogrammes, l'effort de traction utile pouvant être 4250 kilogrammes *.

Dès lors, il est facile de se rendre compte de la puissance que développe une locomotive en service. Considérons successivement un train rapide de voyageurs et un train de marchandises.

Soit un train express composé de 8 voitures, pesant 53 tonnes, traîné par une machine Crampton et faisant 76 kilomètres à l'heure; l'effort nécessaire de traction devra être 8.95 ou 760 kilogrammes, et en y ajoutant 500 kilogrammes pour le transport du moteur, l'effort total appliqué aux roues devra être 1260 kilogrammes. Le travail moteur effectué devra donc être 1260.76000 kilogrammètres par heure, ou 26000 kilogrammètres par seconde, ce qui exige une puissance de 355 chevaux-vapeur pour l'ensemble des deux machines en action sur la locomotive.

Soit maintenant un train de marchandises composé de 50 wagons, pesant 500 tonnes et traîné avec une vitesse de 30 kilomètres à l'heure; l'effort de traction nécessaire dans les meilleures conditions sera $3^k,55$ par tonne, ou en tout 1775 kilogrammes; en y ajoutant seulement 1000 kilogrammes pour le transport du moteur, l'effort nécessaire sera 2775 kilogrammes. Le travail moteur effectué sera 2775.30000 kilogrammètres par heure ou 23125 kilogrammètres par seconde; la puissance de la locomotive aura donc été de 310 chevaux-vapeur environ.

351. Contre-poids des locomotives. — Les locomotives donnent lieu à une application intéressante du théorème sur le mouvement du centre de gravité, que nous avons expliqué précédemment (65). Nous en dirons quelques mots; c'est un nouvel exemple de l'utilité matérielle des théorèmes de la mécanique.

Bien que le mouvement général d'une locomotive en marche soit un déplacement en avant, ce déplacement n'est pas une simple translation, et il est accompagné d'oscillations et d'effets secondaires assez sensibles pour qu'il soit nécessaire d'en tenir compte et de les combattre. En mettant de côté ce qui provient des irrégularités inévitables de la voie, une de leurs causes principales est le déplacement continuel qu'éprouve le centre de gravité de la ma-

* Tous les nombres cités dans ce paragraphe sont extraits d'un mémoire de MM. Vuillemin, A. Guebhard et C. Dieudonné, couronné par la Société des Ingénieurs civils de Paris en 1867.

chine par rapport à ses parties fixes, le châssis par exemple, en raison des mouvements exécutés par les pièces mobiles. Ces pièces, pistons, bielles, manivelles, etc., dont le poids n'est point négligeable, s'élèvent et s'abaissent, avancent et reculent; par suite le centre de gravité se déplace de haut en bas, d'avant en arrière. Mais son déplacement ne peut provenir que d'actions extérieures (66); nous pouvons donc affirmer que de ces mouvements naissent des pressions extérieures exercées par la machine sur les rails et par suite des réactions exerçant sur elle leurs effets.

552. D'abord les élévations et abaissements alternatifs du centre de gravité rendent variable la pression verticale sur les rails; elle augmente lorsque le centre de gravité s'élève, elle diminue quand il s'abaisse (70). Et comme les mouvements de toutes les pièces se règlent sur celui des roues motrices, ces augmentations et diminutions se reproduisent périodiquement à chaque tour de roue; et ce sont toujours les mêmes points de la circonférence de ces roues qui en éprouvent les réactions.

Il en résulte que certaines portions de bandages s'usent plus rapidement que les autres; après un parcours de 20000 kilomètres, il s'y est produit des creux qui atteignent souvent un demi-centimètre, et il faut remettre les roues sur le tour pour leur rendre leur forme circulaire: après trois ou quatre réparations semblables, le bandage doit être renouvelé.

De plus, le mouvement de va-et-vient du centre de gravité dans le sens de la longueur donne lieu à des variations dans l'intensité de l'action que les roues exercent par adhérence sur les rails et par suite dans celle des réactions motrices contraires; c'est de là que provient un mouvement parfois très-sensible et qui consiste en une série d'oscillations dans le sens de la voie pendant la marche. Puis de la coexistence simultanée des irrégularités dans le sens vertical et dans le sens horizontal provient aussi ce qu'on appelle le mouvement de *galop*, c'est-à-dire une sorte de balancement de l'avant à l'arrière; ce mouvement a été dans certains cas tellement prononcé qu'il a pu, sinon causer seul des déraillements par le soulèvement des roues d'avant, du moins favoriser les autres causes accidentelles.

Enfin, le déplacement alternatif des parties mobiles qui sont situées les unes sur la droite, les autres sur la gauche de la machine en dehors de la verticale du centre de gravité, donne lieu à une sorte de rotation alternative autour de cette verticale. Si ces mouvements concordaient, il n'en serait pas ainsi ; mais les machines agissent sur deux manivelles à angle droit, et leurs mouvements se contrarient ; il se produit dès lors un balancement qu'on peut comparer à l'allure déhanchée d'un homme qui, en marchant, avancerait toujours le bras droit en même temps que la jambe droite et le bras gauche en même temps que la jambe gauche. Ce balancement donne au déplacement général quelque chose de sinueux et on le désigne sous le nom de mouvement de *lacet* [*]. Il est, bien visiblement d'après ce qui précède, beaucoup plus marqué pour les machines à cylindres extérieurs que pour celles où, les cylindres étant rapprochés du plan moyen, les déplacements ont lieu presque dans la direction du centre de gravité.

355. Toutes ces irrégularités dans la marche ont des inconvénients graves, et elles avaient de bonne heure attiré l'attention des ingénieurs. Puisque, pour une bonne partie du moins, elles ont pour cause le déplacement du centre de gravité, on voit de suite qu'on y porterait remède si on pouvait contre-balancer chaque pièce mobile par une autre se mouvant en sens contraire, de telle sorte que leur sens de gravité commun restât immobile. Dans la pratique la réalisation rigoureuse de cette idée est impraticable ; néanmoins, c'est par l'application de contre-poids qu'on arrive, sinon à faire disparaître, du moins à atténuer considérablement ces mouvements anormaux et à assurer d'une manière complétement suffisante la sécurité de la marche et la conservation du matériel. On dispose sur chaque roue motrice, à peu près à l'opposé du bouton de manivelle, un contre-poids en fonte, qui dans la marche prend un mouvement justement opposé à celui du mécanisme (manivelle, bielle et piston), reculant quand il avance, s'abaissant quand il s'élève. On arrive ainsi, en suivant d'une part des règles déduites d'une théorie qu'on peut se figurer d'après ce qui précède, d'autre part les indications de l'expérience, à

---

[*] Au point de vue théorique, ce mouvement de lacet se rapporte non plus au théorème sur le mouvement du centre de gravité, mais à la considération des couples que nous avons laissés de côté dans la démonstration ou plutôt l'explication du § 65.

diminuer suffisamment l'amplitude des déplacements du centre de gravité et les mauvais effets qui en sont la suite.

354. Notions historiques. — Dans la grande industrie des chemins de fer, il y a deux choses à considérer, ou pour mieux dire deux inventions tout à fait distinctes, celle qui se rapporte au mode de construction de la route sur laquelle circulent les voitures et celle qui se rapporte à l'emploi de la vapeur pour mettre ces voitures en mouvement.

La résistance au roulement, à peu près négligeable quand il s'agit de pièces de machines (147), ne l'est plus du tout lorsqu'il s'agit de la circulation d'une voiture sur une route (208) ; elle devient alors la résistance principale, et pour la diminuer il suffit évidemment de rendre la surface de la route à la fois aussi unie et aussi dure que possible ; on obtiendra ainsi cet avantage important de permettre à un même moteur de traîner un poids plus considérable. On a commencé en Angleterre, il y a environ deux siècles, à garnir en bois quelques portions de routes où s'opéraient des transports importants de charbons entre les quais d'embarquement sur la Tyne et certaines mines du comté de Newcastle, et bientôt on remplaça le bois par des bandes en fonte sur lesquelles s'appuyaient les roues. L'usage s'en répandit de plus en plus ; vers le commencement de ce siècle, il y avait en Angleterre, pour le transport des marchandises ou des charbons, plus de 200 kilomètres de chemins ferrés : on employait à peu près également tantôt des rails formant une ornière contenant la roue par des rebords, tantôt des rails saillants avec des roues munies de rebords (inventés par Sessop, 1789). Les rails, en fonte, n'avaient qu'une faible longueur (1 ou 2 mètres), ce qui augmentait les difficultés de la pose et multipliait outre mesure les joints et par suite les chocs au moment du passage des wagons. Vers 1820 seulement Blenkinsop imagina de fabriquer les rails en fer malléable, en passant les barres chauffées au rouge blanc entre des cylindres de laminoir portant des dentelures ou rainures ayant la forme du profil qu'on veut donner aux rails ; c'est le procédé encore maintenant employé ; mais il a naturellement éprouvé des perfectionnements considérables depuis cette époque.

355. Le premier essai sérieux pour appliquer la vapeur au transport des fardeaux, est dû à un ingénieur français, Cugnot, de Nancy.

Avec l'assistance du célèbre général d'artillerie de Gribeauval, il fit fonctionner en 1763 le premier véhicule à vapeur : sa voiture portait deux machines à action directe et à simple effet ; elle existe encore à Paris au Conservatoire des arts et métiers. Un défaut, qu'il eût été bien facile de corriger, l'insuffisance de capacité de la chaudière, d'où résultait le manque de vapeur après un temps très-court, fit échouer les essais de Cugnot, qu'on abandonna. D'ailleurs il y avait pour une semblable invention peu d'avenir en France où les chemins de fer n'étaient pas employés : même aujourd'hui et dans l'état actuel de la mécanique, l'emploi des voitures à vapeur sur routes ordinaires n'a donné que fort peu de résultats pratiques ; il est douteux qu'il rende jamais de grands services sauf certains cas spéciaux.

L'idée de Cugnot importée en Angleterre y devint l'objet d'essais suivis ; et en 1802, parut sur le chemin de fer anglais de Merthyr Tydwill la première locomotive qui ait fait un service effectif ; elle avait été construite par Trevithick et Vivian, et portait une machine horizontale à action directe et à haute pression. Comme les premières locomotives n'avaient qu'un poids assez faible, elles avaient aussi peu de puissance de traction, et, pour en obtenir davantage, on imagina divers systèmes compliqués, roues dentées engrenant avec un rail en crémaillère (Blenkinsop, 1811), béquilles s'appuyant sur la voie (Brunton, 1816), chaînes de halage, etc., auxquels il fallut renoncer. Blakett montra le premier (1812) qu'on obtiendrait toute l'adhérence nécessaire pourvu qu'on augmentât la pression des roues motrices sur ces rails.

En 1814, Georges Stephenson * construisit une locomotive très-supérieure à ce qui s'était fait avant lui ; la chaudière, du type

---

* George Stephenson (1781-1848), fils d'un ouvrier mineur, fut d'abord lui-même ouvrier chauffeur, et apprit à lire à dix-huit ans ; à force de travail et d'intelligence, il devint contre-maître puis ingénieur. Il contribua plus que personne à la création des chemins de fer, et construisit, malgré des résistances qu'il surmonta à force d'énergie, la première ligne de Darlington à Stockton (1823-1825), uniquement desservie par des locomotives. Il est peu de vies plus glorieuses que celle de G. Stephenson, aussi bon et aussi généreux qu'énergique et habile.

Robert Stephenson, fils du précédent (1803-1859), fut le fondateur de la grande industrie moderne des chemins de fer, et construisit la majeure partie des chemins anglais, de 1830 à 1840. Parmi ses plus célèbres ouvrages, se trouve le pont de Menai, jeté sur un bras de mer.

Cornouailles (274), fournissait la vapeur à deux cylindres verticaux : chaque cylindre agissait, par l'intermédiaire d'une traverse posée sur la tête de la tige du piston et de deux bielles, sur les deux roues d'un même essieu. On faisait dès lors un usage régulier des locomotives sur les chemins houillers.

En 1826 fut décidée la construction d'un chemin de fer en vue du transport des voyageurs entre Liverpool et Manchester. On n'avait jamais construit jusque-là de locomotives qu'en vue d'un transport de charbons ou de marchandises, et aucune ne pouvait dépasser une vitesse de 7 à 8 kilomètres à l'heure, à cause de l'insuffisance de production de vapeur. La Compagnie ouvrit un concours qui fait époque dans l'histoire des chemins de fer, et le 6 octobre 1829 le prix fut décerné à Robert Stephenson. Adoptant une disposition imaginée en France en 1826, par M. Marc Séguin, ingénieur du chemin de fer de Lyon à Saint-Etienne, il munit sa locomotive, *la Fusée*, d'une chaudière tubulaire, et par cela seul il lui donna une puissance et une vitesse inconnues jusque-là ; elle pesait 4 tonnes et put traîner une charge de 12 tonnes avec une vitesse de 22 kilomètres ; seule et sans charge elle atteignit une vitesse de 50 kilomètres. Le tirage y avait lieu par l'échappement de vapeur dans la cheminée, disposition inventée simultanément en France par Pelletan et en Angleterre par Hackworth. En un mot, *la Fusée* offrait la combinaison de toutes les idées heureuses qui, séparées, étaient restées jusqu'alors inefficaces.

Au concours de Liverpool se termine la période d'enfantement de la locomotive : les points fondamentaux sont tous arrêtés dès lors, et la construction ne variera plus que dans les détails. Les principaux perfectionnements depuis cette époque ont surtout consisté dans l'accroissement des dimensions et du poids : par là on augmente la puissance et en même temps on diminue la consommation relative de combustible : *la Fusée* brûlait 0,4 kilogr. par tonne et par kilomètre parcouru, tandis que les locomotives actuelles arrivent à ne brûler que 0,07 kilogr. Il est vrai qu'avec le poids des locomotives s'accroit la dépense de construction de la voie, mais il reste néanmoins une diminution considérable sur le prix de la traction. Les transformations principales qu'ait subies la locomotive depuis 1850 se peuvent caractériser par la construction de la machine Crampton (1849), qui a donné lieu à une grande accélération dans le service des trains de voyageurs, et par celle de la machine Engerth (concours du Sœmmering, en Autriche, 1851), propre à gravir de fortes rampes, et type des plus puissantes locomotives.

356. Les chemins de fer en France. — En France, la première concession de chemin de fer date de 1823, le chemin de Saint-Etienne à Andrezieux fut concédé à M. Beaunier, inspecteur général des mines, en vue du transport des charbons. En 1826, eut lieu la concession du chemin de Saint-Etienne à Lyon, en 1828 celle du chemin d'Andrezieux à Roanne. Le transport des voyageurs ne fut organisé qu'en 1835, et il avait lieu par des chevaux à cause des rampes très-fortes que présentaient ces chemins.

En 1837 commença à fonctionner le chemin de Paris à Saint-Germain, le premier qui ait été construit en vue du transport des voyageurs par locomotives : il ouvre véritablement l'ère des chemins de fer en France. En 1836 avaient été concédées les lignes de Montpellier à Cette, de Paris à Versailles (rive droite), de Mulhouse à Thann ; en 1838, le furent celles de Paris à Orléans, de Strasbourg à Bâle ; en 1840, celle de Paris à Rouen. En 1841, les chemins exploités avaient un développement de 569 kilomètres, et avaient coûté 200 millions.

En 1846 s'ouvrit la ligne du Nord ; en 1844 et 1845, les concessions s'étaient multipliées, et la plupart de nos grandes lignes datent de cette époque ; à la fin de 1846, 4800 kilomètres de chemins de fer avaient été concédés, dont 1900 étaient en exploitation. Le développement de l'industrie des chemins de fer en France peut se résumer dans le tableau suivant :

	En 1846.	En 1856.	En 1868.
Longueur de chemins concédés..	4 800	11 500	22 500 kilom.
— — en exploitation.	1 830	5 000	14 500 —

Le capital aujourd'hui engagé dans l'exploitation de ces chemins de fer est d'environ neuf milliards.

On peut évaluer en moyenne le nombre de locomotives nécessaires pour desservir une ligne à un peu moins que le tiers du nombre des kilomètres de cette ligne. Et le nombre des hommes employés dans l'exploitation peut être compté à raison de huit par kilomètre : ainsi le nombre des employés de chemins de fer en

France est d'environ 130,000 ; et il dépasserait beaucoup ce chiffre si on tenait compte du personnel attaché à la construction des nouvelles lignes ; car depuis plusieurs années déjà on construit à peu près 1100 kilomètres de lignes nouvelles par an.

LOCOMOBILES.

357. On désigne sous le nom de locomobiles des machines dont le seul caractère est d'être transportables, par conséquent relativement légères et peu encombrantes. Évidemment on peut construire des locomobiles de toute puissance ; mais, en général, leurs applications sont telles qu'elles n'exigent pas une force de plus de 4 ou 5 chevaux. La plus grande partie de ces applications se rencontre dans l'agriculture, où leur introduction toute récente, au moins en France, a déjà rendu de très-grands services et prend de jour en jour un développement plus étendu. Dans l'industrie même on en a tiré un parti très-profitable, et nous pouvons citer avec M. Calla l'exemple d'une locomobile de 6 chevaux qui, en 24 heures, a pu effectuer, sur trois points différents et distants de 1 à 2 kilomètres, les ouvrages suivants : dans une fonderie, elle a fait mouvoir la soufflerie ; sur un quai, elle a manœuvré des pompes d'épuisement pour des travaux de construction ; dans un atelier de construction de machines, et pendant la nuit, elle a fait marcher divers outils spéciaux qui, sans elle, auraient exigé qu'on continuât l'action de la puissante machine fixe de l'usine. On pourrait citer une multitude d'exemples analogues ; les cas abondent évidemment où il peut être précieux de disposer d'une machine fournissant du travail sur le point même où ce travail doit être mis en œuvre.

358. Le plus ordinairement la locomobile présente un aspect qui rappelle celui de la locomotive ; sa chaudière est, en effet, une chaudière de locomotive ; seulement les tubes sont moins serrés et un peu plus gros, sur une longueur beaucoup moindre. Le tirage est de même obtenu au moyen de l'échappement de vapeur ; il ne doit pas être trop violent, afin de ne pas entraîner par la cheminée des morceaux de combustible embrasé pouvant donner lieu à des incendies.

La machine proprement dite est aussi simple que possible ; c'est une machine horizontale ABCD, à haute pression, sans condensation; ne présentant absolument rien de particulier, si ce n'est que, devant presque toujours être manœuvrée par des conducteurs peu instruits et surtout peu expérimentés, elle est construite aussi

Fig. 266.

simplement que possible. Elle est généralement à mouvement rapide, afin d'être légère; la détente est obtenue par tiroir simple à recouvrement, comme dans les locomotives. Comme la locomobile est destinée à faire mouvoir des outils, on transforme, de même que dans les machines fixes, le mouvement du piston en un mouvement de rotation continu, transmis ensuite, à l'ordinaire, au moyen de courroies. L'axe porte un volant E, et la machine est munie d'un régulateur.

Enfin, la locomobile est portée sur un train ou chariot tout à fait analogue à celui des voitures ordinaires; les meilleurs con-

structeurs cherchent avec raison, dans l'établissement des locomobiles rurales, à se rapprocher de la forme des équipages de
ferme ordinaires. Dans la locomobile représentée ci-dessus, et qui
sortait des ateliers de M. Calla, la chaudière est soutenue à l'avant
par une traverse; les deux roues de devant font partie d'un avant-
train mobile qui porte les brancards pour l'attelage, et qui est
réuni par une cheville ouvrière à la traverse dont nous venons de
parler; elles peuvent ainsi, comme dans toute voiture, passer sous
le corps de chaudière pour tourner.

359. Comme toutes les machines de faible puissance, les locomobiles sont des appareils peu économiques; les meilleures brûlent
au moins 5 ou 6 kilogrammes de houille par cheval-vapeur et par
heure. Mais il faut observer que, par la raison même qu'il s'agit
seulement d'une faible puissance, la consommation sera toujours
assez peu de chose, et par conséquent la question d'économie sur
ce point ne peut avoir une grande importance.

Les qualités essentielles d'une locomobile destinée à l'agriculture sont, d'une part, la légèreté, et de l'autre la simplicité de
construction et de manœuvre : la légèreté rend seule le transport possible par des chemins souvent mauvais. Dans l'état actuel
des choses, une locomobile de la force de 4 à 5 chevaux pèse environ 2000 kilogrammes, ce qui est encore considérable. Il n'est
pas moins utile que les pièces soient construites avec une grande
solidité, afin d'éviter les réparations qui seront souvent difficiles
à faire exécuter; et que la conduite de la machine soit facile, que
toutes les manœuvres soient du système le plus simple, et qu'enfin la machine ne soit pas trop sensible aux irrégularités dans la
consommation de travail et dans la marche du foyer.

MACHINES A AIR CHAUD, MACHINES A GAZ.

360. On a souvent songé à employer, comme source de travail
moteur, la force élastique de l'air atmosphérique, celui de tous
les agents naturels qui est le plus universellement à notre portée.
La propriété qu'il possède avec tous les gaz de se dilater considérablement par l'action de la chaleur et d'acquérir par là un accroissement de force expansive semblait le rendre d'un emploi facile. Cependant bien des tentatives ont été faites, et la machine à air

chaud est encore très-loin de se substituer à la machine à vapeur. On est arrivé néanmoins, pour les petites forces, à des résultats pratiques véritablement intéressants, que nous devons faire connaître au moins sommairement.

361. Indiquons d'abord l'idée fondamentale de la construction des machines à air chaud.

Imaginons un cylindre analogue à un cylindre de machine à vapeur atmosphérique, c'est-à-dire ouvert à l'une de ses extrémités, et muni comme lui d'un piston plein, au-dessous duquel se trouve confinée une certaine masse d'air. Il ne se produira aucun mouvement, parce que la force d'expansion de cet air est équilibrée par la pression atmosphérique s'exerçant de l'autre côté. Mais supposons qu'on vienne à échauffer cette masse d'air, sa force élastique augmentera parce que son volume tendra à augmenter; dès lors, cette force devenant supérieure à la pression atmosphérique, le piston montera. Qu'on refroidisse alors cet air, l'équilibre se rétablissant, le piston redescendra par son propre poids et, la même succession de phénomènes se reproduisant, on conçoit que le piston prendra un mouvement de va-et-vient absolument comme celui d'une machine à vapeur. On aura une machine à air chaud, à simple effet, dont la force motrice agira toujours dans le même sens et sur la même face du piston; c'est une machine tout à fait comparable à la machine atmosphérique de Newcomen, dont nous avons indiqué précédemment (286) le jeu.

Tel est le principe commun de toutes les machines à air chaud qu'on a contruites jusqu'à présent; mais si simple qu'il soit, sa réalisation offre de grandes difficultés, et les inventeurs se sont multipliés sans arriver à rien encore de véritablement pratique pour les grandes forces. Pourtant le but à atteindre dans cette direction a de quoi tenter, et la réalisation d'une machine à air chaud, telle qu'on peut la concevoir, présenterait de très-grands avantages.

362. Ces avantages sont de deux sortes : on peut espérer une très-grande économie, et on a la certitude d'écarter le principal danger que présente encore l'emploi de la vapeur. Les explosions de générateurs sont presque toujours terribles dans leurs conséquences et leurs effets; et elles ne peuvent être prévenues avec une efficacité

complète, alors que bien souvent leurs causes restent encore imparfaitement connues et présentent matière à discussion. Il serait donc désirable qu'on pût supprimer le mal en supprimant la dangereuse nécessité de la production de vapeur. Les machines à air chaud présentent ce grand attrait et ont cette raison d'être qu'elles suppriment le générateur.

Mais il y a plus ; elles permettent de concevoir l'espérance de la perfection théorique, c'est-à-dire de la réalisation d'une machine qui ne laisserait perdre aucune partie de la chaleur reçue du foyer. Dans l'indication donnée plus haut du principe de la machine à air chaud, on peut observer que la masse d'air dont l'échauffement et le refroidissement alternatifs produisent le mouvement, n'a pas besoin d'être renouvelée. Si donc on imagine qu'elle se refroidisse en cédant sa chaleur à un corps susceptible, un instant après, de la lui restituer pour produire l'échauffement, l'action d'un foyer ne sera plus nécessaire que pour subvenir à la dépense utile de chaleur provenant de la production même du travail moteur *, et aux pertes inévitables provenant des causes accessoires, comme le rayonnement, pertes qu'on pourra toujours réduire à peu de chose. C'est là ce qu'a tenté de réaliser l'ingénieur suédois Ericsson, au moyen de toiles métalliques que l'air traversait dans un sens en y laissant sa chaleur, pour la reprendre en les traversant de nouveau en sens inverse. Malheureusement, la machine Ericsson, fondée sur ce principe théoriquement exact, a présenté dans la pratique des inconvénients tels qu'elle n'a pu être adoptée, malgré ses dispositions ingénieuses ; et M. Ericsson lui-même a dû renoncer à profiter de la chaleur contenue dans l'air après qu'il a travaillé.

Il resterait encore malgré cela un avantage économique aux

---

* Des recherches assez récentes encore ont établi avec certitude ce fait important que, dans toute machine motrice où la chaleur joue un rôle, toute production de travail est nécessairement accompagnée de la disparition d'une quantité de chaleur correspondante et proportionnelle ; la production de 425 kgm. nécessite la consommation de 1 unité de chaleur, ou *calorie* (quantité de chaleur pouvant élever de 1° la température de 1 kilogr. d'eau). Malheureusement dans la pratique les pertes de chaleur sont tellement considérables que dans les machines à vapeur les plus parfaites on consomme une quantité de charbon correspondant à une dépense de chaleur de 12 à 15 fois plus grande que ne l'indiquent les considérations précédentes. Ceci suffit à montrer de quel intérêt pourrait être le perfectionnement de la machine à air chaud.

machines à air chaud sur les machines à vapeur ; car, dans celles-ci, la vapeur s'échappant du cylindre après avoir travaillé emporte avec elle toute la chaleur *latente* qui a dû être fournie à l'eau pour la transformer en vapeur, et cette chaleur latente compose la plus grande partie de la chaleur totale fournie à la chaudière. Il n'y a rien de pareil dans la machine à air chaud ; l'air acquiert la force élastique qu'on met à profit, sans éprouver de changement d'état, et en sortant du cylindre, il n'emportera que la chaleur correspondant à son changement de température, ce qui fait une très-grande différence.

Malheureusement cet avantage, au point de vue économique, est largement compensé par un inconvénient notable ; c'est que la force élastique acquise par l'air en s'échauffant est toujours faible, surtout si on la compare à la force élastique de la vapeur. Pour une augmentation de température de 100 degrés, l'augmentation de la force élastique n'est guère que du tiers de sa valeur, et donnera une pression effective de 1/3 atmosphère ; il faudrait porter l'air à 300 ou 400 degrés pour avoir une pression de 1 atmosphère. De là résulte que pour obtenir une machine assez puissante pour suffire à un travail manufacturier, on est conduit à de très-grandes dimensions. Par là, le prix d'achat se trouve porté très-haut, et les résistances passives s'accroissent en même temps. Pour toutes les machines à air chaud construites jusqu'à présent, les accessoires de la machine consomment les trois quarts du travail qu'elle produit. C'est assez dire que la réalisation pratique d'une machine industrielle à air chaud est encore à attendre.

363. Néanmoins, il faut observer que ces inconvénients sont surtout marqués pour les grandes forces. Aussi, la machine à air chaud existe dès à présent et rend de bons et utiles services à la petite industrie. Partout où le travail, très-divisé, s'exécute à domicile et non plus dans un atelier spécial, là surtout où il est intermittent, l'usage de la machine à vapeur devient impossible ; il entraîne des frais continus et un premier établissement qui le rendraient démesurément coûteux, quand même il ne serait pas rendu impossible à cause de ses dangers. En pareilles circonstances, la machine à air chaud reprend l'avantage ; en Amérique, où elle est en ce moment l'objet d'une sorte d'engouement, on en a construit un grand nombre ; plus de cent pe-

tits moteurs de ce genre, de la force de 1 à 5 chevaux, fonctionnent dans la seule ville de New-York.

Les moteurs à air chaud, dans les conditions spéciales que nous
venons d'indiquer, ont revêtu un grand nombre de formes diverses. On peut d'abord, dans l'état actuel des choses, les classer en
deux catégories bien distinctes : les *moteurs à air chaud* proprement dits, dans lesquels l'air subit l'action d'un foyer extérieur et
distinct de la machine, et les *moteurs à gaz* qui sont bien aussi
des moteurs à air chaud, mais présentent dans leur fonctionnement des conditions toutes particulières.

Parmi les moteurs à air chaud, les plus connus sont la machine
Ericsson, construite et employée en Amérique, et la machine Laubereau qui commence à l'être en France et en Allemagne. Nous
laisserons ici de côté la machine Ericsson, dont la construction
est fort compliquée, pour donner seulement une idée de la machine Laubereau, la plus simple de toutes.

364. Machine Laubereau. — Qu'on imagine un réservoir d'air
cylindrique, fermé de toutes parts, dont la partie supérieure est
maintenue froide par un courant d'eau circulant dans une enveloppe, tandis que le fond est chauffé par la flamme d'un foyer.
Dans ce cylindre se trouve un organe que nous appellerons le *refouloir;* c'est une sorte de piston très-épais, formé de plâtre, c'est-
à-dire d'une substance conduisant mal la chaleur, et qui laisse
autour de lui un petit espace annulaire entre son contour et les
parois. En déplaçant ce refouloir, qui partage le réservoir en deux
chambres, on fera passer alternativement dans la partie froide
et dans la partie chaude la masse d'air contenue dans le cylindre,
et par conséquent on aura le moyen de l'échauffer et de la refroidir alternativement : telle est, en effet, la fonction de cette première partie de l'appareil.

A côté, se trouve le cylindre moteur de la machine, semblable
à un cylindre de machine à vapeur atmosphérique, c'est-à-dire
ouvert par en haut et muni d'un piston plein; il est par sa partie
inférieure en communication avec le réservoir d'air.

Soient le piston et le refouloir au bas de leur course; l'air du
réservoir, tout entier dans la chambre froide, est lui-même froid.
On fait monter le refouloir; aussitôt l'air, chassé par lui dans la
chambre chaude, s'échauffe et se dilate. En raison de son augmen-

tation de volume et de tension, il agit sous le piston moteur, qui forme en quelque sorte une portion mobile des parois du réservoir ; il le soulève en surmontant la pression atmosphérique, et effectue ainsi un certain travail moteur. Que le refouloir s'abaisse alors, l'air, repassant dans la chambre froide, perd la chaleur qu'il avait reçue du foyer en la cédant à l'eau de l'enveloppe ; il perd en même temps l'excès de force élastique qui lui a permis d'agir sur le piston ; celui-ci retombe. En soulevant de nouveau le refouloir, on le verra remonter et ainsi de suite.

Dès lors, si on fait agir comme à l'ordinaire, par l'intermédiaire d'une bielle et d'une manivelle, la tige du piston moteur sur un axe portant un volant, on obtiendra un mouvement de rotation continue qu'on pourra utiliser à tel ouvrage qu'on voudra au moyen de transmissions.

365. On voit que le déplacement du refouloir, en déterminant la circulation de l'air et par suite ses changements alternatifs de tension, détermine le mouvement du piston moteur, absolument comme le déplacement du tiroir de distribution détermine le mouvement de va-et-vient du piston dans une machine à vapeur. Dans les deux cas, ce déplacement s'opère sans qu'il y ait de résistance à surmonter ; et, ici, il n'y a même pas de frottement, puisque le refouloir ne joint pas les parois du réservoir dans lequel il se meut. Dès lors, ici comme dans la machine à vapeur, ce sera le mouvement du piston moteur qu'on emploiera à produire le mouvement concordant du refouloir ; il suffit de même de caler sur l'arbre du volant un excentrique tourné parallèlement à la manivelle et de le relier à la tige de ce refouloir, laquelle sort du réservoir par une petite boîte à étoupe. Une fois la machine mise en route à la main, le mouvement s'entretiendra de lui-même, sans qu'il soit besoin davantage d'intervenir. Les alternatives de froid et de chaud par où passe l'air du réservoir se succèdent beaucoup plus rapidement qu'on ne serait tenté de le croire possible : on obtient jusqu'à 700 et 800 coups de piston par minute.

Pour maintenir toujours froide la partie supérieure du réservoir, nous avons dit qu'on faisait circuler autour d'elle de l'eau dans une enveloppe ; c'est également la machine qui entretient cette circulation en employant une partie du travail qu'elle produit à faire mouvoir une petite pompe disposée à cet effet.

La machine Laubereau est, comme on voit, très-simple de construction, et elle convient parfaitement aux très-petites puissances, dont les applications se multiplieront et se généraliseront de plus en plus, il faut l'espérer, en ôtant à l'ouvrier ou à l'ouvrière la pénible nécessité de servir de moteur et de consacrer ses forces à un travail inintelligent. Les petites machines de ce genre (jusqu'à 1/4 de cheval environ) fonctionnent avec un simple bec de gaz pour foyer ; il suffit de l'allumer pour obtenir instantanément la machine en travail ; et il suffit de fermer un robinet pour tout arrêter, en supprimant la dépense en même temps que le travail. Là, comme pour tout autre moteur à air chaud, il n'y a ni danger à craindre, ni par suite autorisation à demander. En se restreignant, comme nous l'avons dit, aux petites forces, il y a certainement un avenir de grande utilité pratique pour ce genre de machines.

366. **Machines à gaz.** — Dans les machines à air chaud que nous venons de mentionner, il faut un foyer pour élever la température de l'air et lui communiquer ainsi la force d'expansion qui le rend capable d'effectuer un travail ; on a eu l'idée très-ingénieuse de transporter en quelque sorte le foyer dans le cylindre moteur même.

Imaginons un cylindre en tout semblable à celui d'une machine à vapeur ; supposons qu'on pousse le piston jusqu'à un certain point de sa course, en remplissant l'espace derrière lui d'un mélange, en proportions convenables, d'air et d'un gaz combustible ; puis on enflamme ce mélange. La combustion dégagera de la chaleur, élèvera la température de l'air et lui donnera une force d'expansion en vertu de laquelle il poussera le piston jusqu'au bout de sa course, pour trouver alors une issue libre et s'échapper. Si la succession des mêmes faits se reproduit ainsi alternativement des deux côtés du piston, on obtiendra une machine à double effet dont on pourra utiliser le travail comme on utilise celui d'une machine à vapeur.

Le gaz combustible pourrait être l'hydrogène, mais on emploie le gaz d'éclairage, qu'on trouve partout aujourd'hui tout préparé. Si ce gaz d'éclairage entrait dans le mélange qu'on enflamme pour un tiers environ, il donnerait lieu à une violente explosion qui offrirait de véritables dangers ; mais il n'y entre que pour 7 à 8 centièmes. Dans un mélange ainsi délayé par la présence d'un

grand excès d'air, l'inflammation du gaz ne se produit plus simultanément dans toute la masse ; elle gagne, pour ainsi dire successivement d'un point à l'autre ; non-seulement il ne se produit plus
d'explosion, mais même la pression exercée par le gaz au moment
de l'inflammation est bien inférieure à ce qu'on serait tenté de supposer ; on a pu vérifier qu'elle ne dépasse pas 5 ou 6 atmosphères. On voit que l'usage de la machine à gaz ne présentera en aucune façon les dangers qu'on serait tenté de craindre au premier
abord.

367. Ceci bien entendu, il reste à indiquer comment il est possible de réaliser les suppositions que nous avons faites en commençant, c'est-à-dire comment il est possible d'introduire d'abord
derrière le piston le mélange inflammable, puis de déterminer
l'inflammation de ce mélange, une fois introduit dans un espace
fermé de toute part : cette dernière condition est absolument nécessaire, sans quoi le gaz ferait éruption par l'issue qui lui resterait ouverte, au lieu de se dilater en refoulant le piston. C'est par
la différence de ces procédés d'exécution que se caractérisent les
divers systèmes de machines à gaz : les plus connus sont ceux
de M. Lenoir et de M. Hugon*.

Une fois la machine lancée, le mouvement du piston suffit évidemment à produire derrière lui l'aspiration d'un gaz extérieur,
pourvu qu'une ouverture lui donne accès. Si donc un tiroir dé-
masque la lumière d'introduction au moment où le piston commence sa course, absolument comme dans la machine à vapeur,
le mouvement du piston déterminera l'entrée de l'air extérieur
amené par un conduit ; et si dans ce conduit arrive en même
temps le gaz d'éclairage, il se formera un mélange qui remplira
l'espace laissé derrière lui par le piston. Le même tiroir pourra
ensuite couper l'introduction des gaz au moment convenable, en
fermant la lumière comme dans une machine à détente. C'est

---

* L'idée première des machines à gaz doit remonter jusqu'à Ph. Lebon qui a
donné (1801) l'indication très-nette du principe de leur construction. Lebon,
ingénieur des ponts et chaussées, a été l'inventeur de l'éclairage au gaz : il
avait imaginé en 1776 une sorte de poêle dit *thermolampe* au moyen duquel,
en distillant du bois ou de la houille, on pouvait chauffer et en même temps
éclairer un appartement. Cette idée, négligée en France, fut adoptée en Angleterre, y reçut tout son développement, puis revint en France vers 1817 : Paris
fut pour la première fois éclairé au gaz en 1820.

ainsi que les choses se passent, sans différences bien essentielles, dans la machine Hugon comme dans la machine Lenoir.

368. La différence capitale entre elles se trouve dans le mode d'inflammation. Dans la machine Lenoir, elle est produite par une étincelle électrique qui jaillit dans l'intérieur du cylindre au moment où la lumière d'introduction vient de se fermer ; c'est le mouvement même du tiroir qui, en amenant au contact deux pièces métalliques disposées à cet effet, donne lieu à la fermeture du courant produit par une pile. Cette disposition, dont les détails sont d'ailleurs extrêmement ingénieux, présente quelques inconvénients dans la pratique courante ; d'abord, elle nécessite une pile, qu'il faut entretenir, et de plus les contacts doivent être aussi entretenus, nettoyés et surveillés avec soin ; sinon le courant ne passe plus, l'inflammation n'a plus lieu régulièrement, et la machine s'arrête ou du moins fonctionne mal. Il faut donc les soins presque continus d'un homme attentif et intelligent : c'est un inconvénient très-sérieux.

Dans la machine Hugon, les choses se passent autrement, et l'électricité ne joue plus aucun rôle. Le même tiroir qui a servi à l'introduction porte une sorte d'entaille où aboutit un tuyau intérieur amenant du gaz ; il y a là un bec de gaz que le mouvement de va-et-vient du tiroir amène tantôt à l'extérieur de la machine, tantôt en face de la lumière d'introduction. A l'extérieur, ce bec de gaz s'allume à un autre bec fixe ; une fois allumé, il pénètre dans la machine, isolé dans la cavité qui le renferme, et arrive jusqu'à la lumière, portant littéralement le feu au mélange, qui s'enflamme sans avoir eu aucune communication avec l'extérieur. Le mouvement de recul du tiroir ramène ensuite au jour le bec de gaz éteint par l'explosion, pendant qu'à l'intérieur il donne lieu à l'introduction d'une nouvelle charge de mélange gazeux ; le bec se rallume au feu fixe et, le mouvement du tiroir continuant, les mêmes faits se reproduisent. On obtient ainsi une parfaite régularité de marche ; il n'y a plus lieu de craindre les arrêts ; il n'est plus besoin de soins minutieux ni difficiles ; en un mot, cette disposition présente les caractères que doit avoir tout mécanisme véritablement pratique.

L'évacuation des produits de la combustion ne se fait pas non plus de la même façon dans les deux machines. Dans celle de

M. Lenoir, elle a lieu pour chaque extrémité du cylindre par un orifice spécial et différent de la lumière d'introduction, et il y a un tiroir particulier pour ouvrir et fermer les lumières d'échappement. Dans la machine Hugon, au contraire, les choses sont disposées absolument comme dans une machine à vapeur ; le tiroir, unique, met alternativement chacune des deux lumières en communication avec le conduit d'échappement placé entre elles.

569. Enfin, il nous reste à signaler, au sujet des machines à gaz, la nécessité d'entretenir une circulation continue d'eau froide autour du cylindre. La combustion des gaz produit une énorme quantité de chaleur. Sous son influence, les parois s'échaufferaient bientôt outre mesure ; le graissage, toujours difficile et coûteux, deviendrait impossible ; les joints se détruiraient rapidement ; en un mot, tout l'appareil serait exposé à une prompte altération si l'on n'y remédiait. De là, la nécessité d'une circulation d'eau, et c'est une nécessité fâcheuse des machines à gaz, eu égard aux circonstances particulières dans lesquelles elles sont communément employées : car elle ne doit pas être évaluée à moins de 5 ou 6 hectolitres d'eau par heure et par force de cheval. La destination naturelle de la machine à gaz doit être de fournir du travail aux industries qui s'exercent en dehors des ateliers et dans les lieux habités ; dans les grandes villes, elle sera souvent installée aux étages supérieurs d'une maison. On conçoit donc que l'obligation d'établir un réservoir d'eau, qui doit avoir au moins $1^{mc},5$ de capacité par force de cheval, sera souvent un embarras, et la dépense d'eau devra être prise en considération. De plus, cette eau circulant dans les enveloppes y laisse des dépôts, des incrustations, qui nécessitent des nettoyages quelquefois difficiles et pourtant nécessaires.

On peut estimer qu'une machine à gaz consomme environ 2,5 mètres cubes de gaz par cheval et par heure ; et comme il se joint toujours à la consommation de combustible quelques frais accessoires, comme ceux nécessités par le graissage (au moins 500 grammes d'huile par jour et par cheval), la conduite et le nettoyage de la machine, la circulation d'eau dont nous venons de parler, le moteur à gaz ne peut point passer pour économique, si on le compare à la machine à vapeur. Néanmoins, comme nous l'avons déjà dit précédemment, sa légèreté relative, la facilité de son installation, possible sans formalités, demande d'autorisation ni surveillance, partout où le gaz peut être amené, l'avantage surtout de ne consommer que pendant qu'il travaille et d'être aussi facile à mettre en route qu'à arrêter, le rendent un auxiliaire précieux pour un grand nombre d'industries. D'ailleurs, partout où la comparaison doit s'établir, non pas avec la machine à vapeur qu'on ne peut employer, mais avec le prix de revient du travail d'un tourneur de roues, l'avantage économique reste à la machine à gaz, comme à la machine à air chaud, et ces cas-là sont encore très-nombreux.

TABLE DES MATIÈRES

CHAPITRE PREMIER. — ÉVALUATION DE LA PUISSANCE D'UN MOTEUR.

Choix d'une unité de puissance. . . . 2
Frein de Prony. 3

CHAPITRE II. — DES MOTEURS ANIMÉS.

Travail de l'homme. 8
Travail des animaux. 11
Charrois. 15

CHAPITRE III. — DES MOTEURS HYDRAULIQUES.

Établissement d'une chute d'eau; sa puissance. 17
Conditions générales du bon établissement d'un moteur hydraulique. . . 20
Roues en dessous: 1° à aubes planes. . 22
        2° à aubes courbes. 26
Roues de côté. 29
Roues en dessous. 32
Turbines. 35
Emploi de l'air comme moteur; moulins à vent. 40

CHAPITRE IV. — MOTEURS A VAPEUR. CHEMINÉES ET FOURNEAUX.

Description générale d'un générateur. 45

CHEMINÉE ET FOURNEAU.

Rôle de la cheminée. 47
    Sa hauteur. 48
    Sa section. 49
Foyer et grille. 51

De la fumée; ses causes. 54
Un foyer fumivore n'est pas nécessairement économique. 55
Foyers fumivores. 56
Conduite du feu. 60

CHAPITRE V. — MOTEURS A VAPEUR. CHAUDIÈRES.

Chaudière; évaluation de sa puissance; surface de chauffe et volume d'une chaudière; matériaux et épaisseur; appareils d'alimentation. 62
Appareils de sûreté.—Indicateurs du niveau; soupapes; manomètres. . 68
Explosions; leurs causes. 74

DIVERS TYPES DE GÉNÉRATEURS.

Chaudières à foyer extérieur; réchauffeurs. 77
Chaudières à foyer intérieur. 79
Chaudières tubulaires. 81

CHAPITRE VI. — MACHINE A VAPEUR.

Description générale d'une machine à vapeur. 85
Notions historiques. 90

MACHINE MOTRICE.

Cylindre et piston. 94
Grandeur de la grille. 53
Travail de la vapeur à pleine pression; volume du cylindre. . . . 96
Travail de la vapeur avec détente; volume du cylindre. 98

Calcul d'un travail d'une machine; coefficients de travail disponible. 102
Vitesse du piston. 103
Enveloppes de vapeur. 104
Travail de la vapeur dans les machines à deux cylindres. 106

DISTRIBUTION DE VAPEUR.

Tiroir. 109
— sans recouvrement. 110
— à recouvrement ou à détente. 113
Changement de marche; coulisse de Stephenson. 117
Distribution dans les machines à deux cylindres. 120
APPAREIL DE CONDENSATION; condenseur, pompe à air. 122
RÉGULATEURS; régulateurs à boules. 125

CHAPITRE VII. — DIVERS SYSTÈMES DE MACHINES A VAPEUR.

MACHINES A BASSE PRESSION; machine de Watt. 130

MACHINES A MOYENNE PRESSION; machine de Woolf. 132
Machine à un seul cylindre, verticale, horizontale, oscillante. 135
MACHINES A HAUTE PRESSION. 141

CHAPITRE VIII. — NAVIGATION A VAPEUR, CHEMINS DE FER, LOCOMOBILES, MACHINES A AIR CHAUD.

NAVIGATION A VAPEUR. — Notions historiques; bateaux à roues; bateaux à hélice. 143
CHEMINS DE FER. — Puissance de traction d'une locomotive. 151
Chàssis et roues; chaudière; machine. 155
Travail d'une locomotive en service. 159
Contre-poids des locomotives. 161
Notions historiques. 164
LOCOMOBILES. 168
MACHINES A AIR CHAUD. 170
Machine Laubereau. 174
Machines à gaz. 176

PARIS. — IMP. SIMON RAÇON ET COMP., RUE D'ERFURTH, 1.